大展好書　好書大展
品嘗好書　冠群可期

大展好書　好書大展
品嘗好書　冠群可期

熱門新知 10

90分鐘了解尖端技術的結構

志村幸雄／著
李久霖／譯

品冠文化出版社

前言

進入二十一世紀的現在，經常聽到有人問：「日本真的沒問題嗎？」由於泡沫經濟瓦解，長期經濟不景氣，產業的空洞化、消費社會的成熟、邁向高齡化社會、地球環境問題的嚴重化等危機全都顯現出來，因此，的確讓人感到擔心，所以，會嘲笑二十一世紀出航的「日本丸」還在霧中，未來到底要朝哪一條航道前進，要如何掌舵呢？

在這種狀況之下，對日本有利的選擇之一就是「技術建國」之路。新的技術產生新的產品，連帶的創造出新的產業。就像戰後五十年以來的許多產業，雖然其發展有程度上的不同，但步入成熟期的就可以配合新一代的需要，進一步成為具有魅力的新產業。現在的主軸是以「尖端科技」為基礎，所以在這方面站穩優勢非常重要。

所幸日本是世界首屈一指的「科技先進國」，像半導體、電腦、機械電子裝置、新素材等各領域都與美國並駕齊驅，走在世界的尖端。在二十一世紀迅速開展的各領域，不論是資訊，或是生物科技（生物工學）、環境或能量，日本都締造了獨特的開發成果，逐步建立了基礎。「技術振興經濟，經濟振興國家」，日本的將來不見得悲觀。

不過對於二十一世紀在技術上究竟會變成什麼樣的時代，我們不見得有明確的方向。二十世紀被稱為「技術革新世紀」，這種狀況不見得能夠持續到二十一世紀。

技術進步的「飽和說」或「界限說」就是在這種背景中應運而生。但是，僅就電子學和資訊領域而言，從過去以來的延長線上可以看到連續的發展性，同時也可以預料會出現技術突破型的技術進步。

在距今一百多年前的一八九九年，美國專利技術長官查爾斯・H・德耶爾就曾經說：「可能發明的東西全都發明完了。」雖然他這麼說，但我卻感覺到與其說「已經沒有技術」，不如說「現在還有技術」。當然，這也和許多經營者提到的二十一世紀的理想職員之一是「技術很強的人」的背景有關。

本書基於以上的前提，將重點放在讓各位了解今日尖端技術概要上。

首先，序章會敘述尖端技術在今日的意義以及與產業、經濟的關係。PART1到7則依不同領域詳細解說重要技術與產品。

提到尖端技術，很多人會認為「不太了解」、「很難了解」。本書盡量不使用艱澀難懂的專門用語，而以深入淺出的方式解說，不僅理科學生能了解，連文科學生或商業人士都能夠輕易了解尖端技術。同時本書也會盡量談及該技術出現的背景或經濟、社會的意義。

最後，對於協助本書出版的各界人士深表致意。

志村幸雄

目錄

PART 1

電子技術的世界

支配我們生活的電器的基本構造

❻螢幕可以薄、寬到什麼地步為止？……七一
❣令人期待的電腦螢幕裝置是液晶螢幕。現在連壁掛式的電漿螢幕也實用化了
❼超並列電腦的威力為何？……七六
❣與多個微處理器協調而發揮作用的電腦。在處理資料庫及龐大的科學技術計算上發揮威力
❽生物感應器的構造為何？……八〇
❣利用只能與特定物質反應的酵素機能的化學感應器。例如檢測魚鮮度的感應器或用來診斷糖尿病的葡萄糖感應器

PART 2

通信&網路技術的世界

支持下一代多媒體社會的技術構造

❶何謂網際網路？……八六
❣使用電腦的人為了能夠互相交談而利用ＴＣＰ／ＩＰ技術，跨越世界一六〇多個國家的電腦網路
❷內部網路與網際網路有何不同？……八九
❣利用ＴＣＰ／ＩＰ與ＷＷＷ可形成公司內網路。結合內部網路就成為外部網路

PART 3

新素材的世界

成為各種技術基礎的素材技術的構造

PART 4

生命科學與生物科技的世界

與我們生命休戚相關的技術究竟可以進步到什麼地步？

PART 5

新交通與運輸系統的世界

汽車、船舶、飛機等的智慧化與高速化進展到什麼地步？

PART 6

環境與能源技術的世界

成為話題的生態相關技術的構造與作用

PART 7 尖端技術的世界

概觀機器人及宇宙開發等未來型技術的構造

序　章

尖端技術與產業・經濟的關係

產業尖端技術的基本概念

◎探討尖端技術產業的特徵
◎尖端技術與經濟的關係
◎21世紀的日本主導產業
◎21世紀尖端技術的方向性
◎日本尖端技術力的特徵與問題點
◎「專利大國日本」的真正實力如何？
◎日本為什麼是軟體弱小國？
◎美國產業的再生、復權為何能夠實現？
◎亞洲的尖端技術會趕上日本嗎？
◎業界標準備受注目的理由

1 探討尖端技術產業的特徵

尖端技術是領先科技，也是將來可開拓產業新市場的技術

◆各種技術的牽引者

尖端技術是牽引技術革新的主導技術，也就是所謂的領先科技。技術本身所等待的動力當然很重要，而對於我們日常生活或產業社會所造成的影響更是超乎想像。半導體有「產業之母」之稱，以網際網路為代表的資訊通信領域的技術革新則被稱為「第二次產業革命」，正反映了這種特質。在此要來探討一下尖端技術產業的特徵。

◆研究開發型的產業

首先探討的尖端技術產業是研究開發型產業。與其他產業相比，其特徵是研究開發費的獲利較高，尤其是半導體、電腦、飛機相關產業提升十～十五%的水準，而製造業平均則提升三・四三%（九五年度）。

此外，尖端技術產業運用各種高水準技術，因此附加價值比其他產品來得高。像過去的「產業之母」鋼鐵的價值為每噸五萬日圓，半導體則為五億日圓，兩者的差距為四位數。前者的產業選點建廠是臨海型，後者為臨空型，原因就是產業附加價值較大，產

主要工業產品每噸價格比較

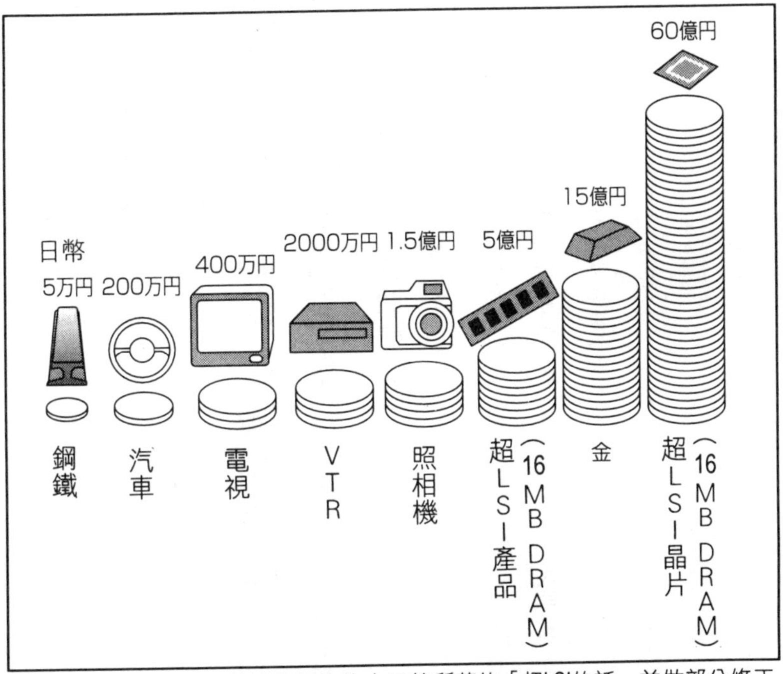

（註）引用佐佐木元等所著的「超LSI的話」並做部分修正

品運送必須依賴航空。

◆尖端技術可以開拓新市場

尖端技術是產業成長性較大的未來展望技術，其市場也是未來展望市場。例如電子工業整體的年平均成長率為五％，半導體為十％，液晶則為三十％，成長性大幅延伸。

2 尖端技術與經濟的關係

支撐日本經濟發展的尖端技術——技術革新之國經常領導世界經濟

◆技術振興經濟，經濟振興國家

在今日高度發達的產業社會裡，技術與經濟的關係密不可分。

具體表示技術與經濟關係的，就是技術進步對經濟成長的貢獻度。圖一是將GDP（國內生產毛額，Gross Domestic Product）的成長要素分成資本、勞動、TFP（總要素生產力，Total Factor Productivity，表示技術進步）三部分。

在美國，勞動貢獻度較大，TFP、資本的貢獻度較小。對於八〇年代日本GDP成長率做出貢獻的，則是以TFP最大，其次為資本。

支撐日本近年經濟發展的就是技術，正是所謂「技術振興經濟，經濟振興國家」。

尖端技術與經濟的關係

圖①實質GDP成長率的要素分析

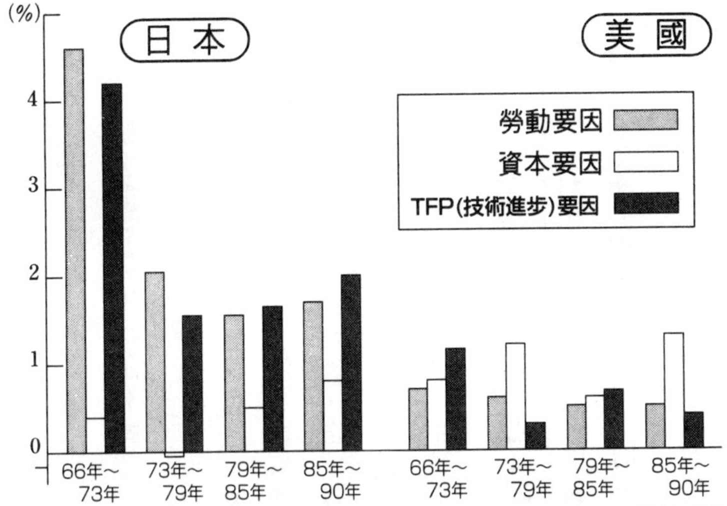

出處：「經濟白皮書」(94年版)

圖②實質GNP與研究開發費、能源消耗的關係

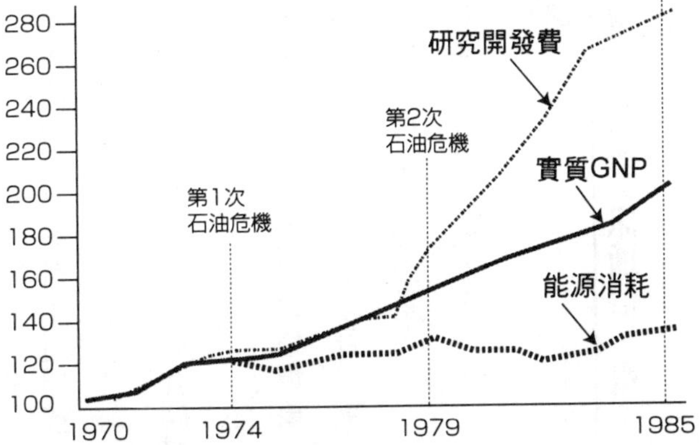

（假設1970年為100時）

出處：日本通產省

◆技術革新對於省能源經濟也有貢獻

技術革新可以支撐省能源、省資源時代的經濟，這點不容忽視。要產生這類技術革新，必然要投入研究開發費用。請看圖②。日本實質GNP（國民生產毛額，Gross National Product）在二次石油危機的七〇～八五年這十五年內約膨脹二倍，研究開發費用的成長率為二·八倍。這段期間，能源消耗的成長率只有一·三倍。

通常，伴隨著經濟發展，能源的消耗量會增大。在那段期間沒有造成這種現象，是因為投入研究開發費，進而革新技術，造成省能源化的緣故。現在，汽車藉著引擎的電子化、利用新素材的輕量化得到技術革新的效果，希望能夠大量減少耗油量。

所以，在注意到「技術振興經濟」的同時，也要注意到「經濟振興技術」。

3 二十一世紀的日本主導產業

由鋼鐵、石化、汽車等「重厚長大型」產業，變成資訊通信、電子·光纖、健康·福祉、環境等的「多極分散型」

◆從一極集中的重厚長大型變成多極分散型

在九四年的「經濟白皮書」中，指出電氣機器及汽車產業具有①在整體經濟中所占

21世紀的主導產業

主導產業

電子、光纖相關產業

- IC／LSI
- 半導體雷射
- 光纖
- 液晶螢幕
- 電漿螢幕

環境、新能源相關產業

- 廢棄物處理、資源回收
- 環境保全裝置
- 空調系統
- 太陽光發電
- 風力發電
- 電動車
- 環保材料

資訊通信相關產業

- 通信網路
- 雙方向CATV
- 衛星數位播放
- 移動體通信
- 多媒體
- 攜帶式電腦
- 資訊家電
- DVD
- 電視遊樂器

健康・福祉相關產業

- 在家照顧服務
- 增進健康、管理服務
- 看護機器
- 生物功能輔助・代行器
- 復健機器
- 住宅設備機器（升降梯、健康管理廁所）

出處：志村著「日本的產業技術有未來嗎？」

日本的主導產業從一極集中的「重厚長大型」變成「多極分散型」！

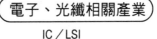

比重較大，②對其他產業的誘發效果較大，③利用技術革新提升的生產性較高等特徵，能夠發揮主導產業的作用。

的確，以往的主導產業是鋼鐵、石化、汽車等所象徵的重厚長大的大型產業，但是到了二十一世紀，整體潮流變成多極分散型，由各種尖端技術取向的產業獨領風騷。

此外，以往從纖維到電子學的硬體取向，由單一技術所支持，但是今後藉著融合技術型，將製造業與服務業、硬體與軟體一體化，彼此形成關聯，加以互補。

這時，並非硬體的價值消失，而是軟體的價值相對提高。資訊通信就是典型的這一類產業，而對健康、福祉等產業而言，在家照顧服務的對應也很重要。

◆環境、健康與福祉產業時代的到來

以往的主導產業，偏重於以經濟為優先考量的大量生產、大量消費型的產業，今後則將是以地球課題或維持生命為優先考量的環境、健康與福祉等產業較具重要性。對於這類產業而言，導入尖端技術很重要，不過與經濟理論不見得完全吻合，而且如何釐清規模的追求等問題也很重要。

4 二十一世紀尖端技術的方向性

尖端技術朝向「超技術化」、「技術融合化」、「軟體化」、「人性科技化」、「生態科技化」——五大方向前進

◆在連續與飛躍中進步的「超技術化」

著名的文明史家路易斯・曼伏德，從技術進步的觀點，將過去一千年的歷史分為「原技術期」、「舊技術期」、「新技術期」三個時期。以這個分類法來看，我們現在要迎向的新世紀應該稱為「超技術期」。

技術的進步到了二十一世紀看似減速與飽和，但是，實際上卻反映時代的需要，以期待找到終極技術之姿，持續出現富於革新性的大膽挑戰。

超技術期的技術展開，大致上可以以下二個觀點來掌握。

第一是「連續型」的技術進步，以既有技術的高度化和深化為基礎。技術的功能與性能原本應該是呈現往右上發展的曲線。前一代的技術經過「生成↓發展↓成熟↓衰退」的過程後，輪到下一代的技術登場。半導體記憶體的主力DRAM（動態隨機存取記憶體，Dynamic Random Access Memory）就是世代交替的好例子。

超技術期的另一個展開，就是「飛躍型」的技術進步。二十世紀的技術革新產生了電晶體、電腦、尼龍、盤尼西林、噴射引擎、核子反應爐等，這些可以說是超越原有技術體系的劃時代技術，屬於飛躍型技術。

二十一世紀的飛躍型技術，將是超導、生物科技（生物工學）、多媒體、宇宙相關等技術。

◆以電子現象為代表的「技術融合化」

在技術的世界裡，異種技術互相融合的「技術融合化」相當進步。單一技術的進步趨近界限或飽和狀態時，藉著既有技術的組合，可以確立新的技術系統。

技術融合的典型例子，就是機械與電子融合的機械電子。從汽車到小的電子相機、電子錶等，大的NC（數值控制，Numerical Control）工作機械開發出各種產品。

特別值得一提的是，機械電子這個用語是日製英語，日本在這方面是世界上的佼佼者，現在在機械電子化中打頭陣，所以，市場的支配權已經有所改變，手錶從瑞士轉移到日本，相機也從德國轉移到日本。

迎向二十一世紀的技術融合，將是化學與電子組合的化學電子、生物與電子組合的生物電子。技術融合的關鍵通常是電子，所以也稱為「電子現象」。

21世紀的尖端科技朝五大方向發展

尖端技術的方向性

超技術化

「連續型」
DRAM的世代交替
「飛躍型」
超導、生物科技、多媒體、宇宙相關技術

技術融合化

化學電子
（化學＋電子）
生物電子
（生物工學＋電子）

軟體化

新硬體產品
（重視設計技術、軟體開發、企畫、市場調查、宣傳等）

人性科技化

感性工學
模糊理論
假想現實感

生態科技化

廢棄物處理、資源回收技術
有害氣體的分離、回收、固定化技術
環境適應型材料的開發

◆加速「軟體化」

軟體化是指「與財務、能源等硬體相較，資訊、服務等軟體的價值及重要性相對的較高」。以電腦為代表的技術世界，軟體的優勢性也比硬體更高。此外，硬體與軟體價值一體化的「新硬體」產品的重要性也逐漸升高。

趨向軟體化的潮流，就像工業產品的「重厚長大」變成「輕薄短小」的例子一樣。例如，代表「重厚長大」的鋼鐵與代表「短小輕薄」的ＬＳＩ（大型積體電路，Large Scale Intergration）之間，單位重量的價格有五位數字的差距。鋼鐵是單純的構造材料，只具有硬體作用，但是ＬＳＩ則塞滿回路設計者的高度知識，成為功能材料，具有軟體的價值。

當軟體化持續進步時，經營資源，亦即是人的作用也會增大。硬體只能夠依賴機械生產，軟體則是人類創造的產物，不同於一般的機械。今後機械與電器的設計技術者、電腦軟體開發者，以及從事企畫、市場調查、宣傳等工作的人，其任務越來越重要了。

◆朝向感性取向的「人性科技化」

到了二十一世紀，技術開發的重點已經從「功能取向型」轉為「感性取向型」。

以汽車為例，「能開動、能轉彎、能停止」的基本功能已經達成，接下來的要求是設計、色彩、車內的居住性與豪華性，人性化的一面增強了。

此外，技術與人之間乖離的情況變得嚴重。技術變得高度化、複雜化，使得利用的人或社會與技術之間產生距離感或出現不吻合的現象。

在這種狀況中，「人性科技」、「感性工學」更為重要。

最近，盛行以工學方式來處理人類與自然特有的「曖昧」的模糊理論的研究。甚至有人將鳥鳴或微風等的「1／f搖擺」設計在風扇上，而利用虛擬現實感技術提高臨場感的方法也在研究當中。

◆將環境對策納入思考的「生態科技化」

以往我們利用技術建立豐饒的生活，但是隨著技術高度化，活用度愈高，對自然與生活環境越會造成負面影響，這是無法否定的事實。像汽車排出的氮氧化物（NO_x）或利用氟氯碳化物做成冷媒、清潔劑就是一個例子。

生態科技是將生態學和科技兩個字合起來的語詞，能夠去除、緩和這些負面作用，並加以代替，是一種新型的技術。

生態科技範圍很廣，從廢棄物處理、資源回收技術到有害氣體的分離、回收、固定化技術，還有環境適應型材料的開發等，都涵蓋其中，重要性與日俱增。

根據日本科學技術廳於九七年整理的技術預測調查顯示，環境相關技術的重要性提高，在重大的一百個課題中佔了二十五個。

5 日本尖端技術力的特徵與問題點

由技術人員所支撐的「科技大國日本」，在應用開發方面居於世界領先地位，但是基礎研究、技術突破型的研究開發方面卻呈現弱點

三十三頁圖是美、日、歐的技術模型。日本在「尖端技術」方面與美國具有共通的基礎，在「傳承技能」方面則與歐洲具有共同的特徵。日本傾向尖端技術與傳承技能的繼承，形成看似矛盾的特徵。

但是，這兩者並非完全不相關。事實上，日本製造業做出世界之冠的「輕薄短小」產品，必須具有處理小型精緻產品的靈活度，以及耐心仔細製造的認真態度和完美主義等，這可以說是日本人的天生性格和傳統累積下來的「技術人員的技巧」。

◆應用開發是日本的看家本領

由這個模型可以了解，日本的尖端技術具有與美國並駕齊驅的能力，而「應用開發」更是日本的長項。例如，半導體產品、液晶螢幕、碳纖維、NC工作機械、產業用機

美日歐技術力特徵的比較

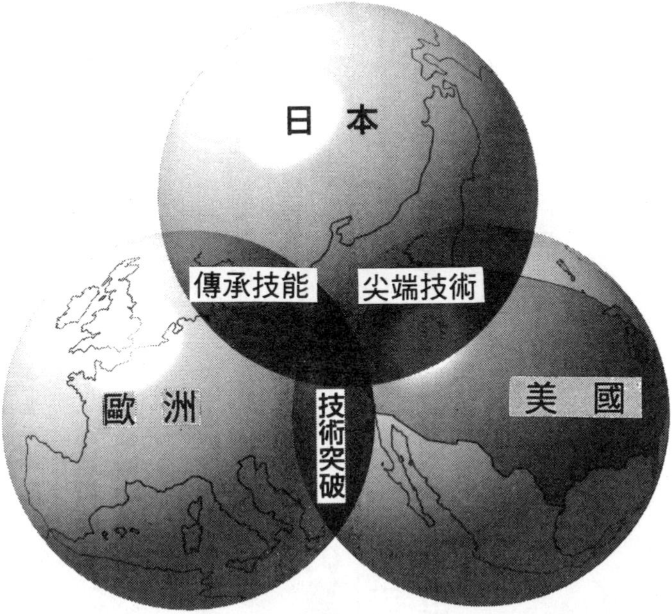

出處：志村著「日本的產業技術有未來嗎？」

器人等，這些尖端技術的主力產品，皆居世界領先地位。

以液晶螢幕為例來說明，最早開發出以液晶當成數字表示裝置的是美國RCA公司（美國無線電公司，Radio Company of America）。但是，明確設定使用目的而將其應用在電子計算機或鐘錶上的，則是日本企業。現在全世界使用的產品有九成是日本製。

另一方面，美歐擁有真空管時代開發出電晶體的「技術突破型」的創造開發力，日本則欠缺這種能力。如何改善、強化這一點，將是日本在二十一世紀的重大課題。

6 「專利大國日本」的真正實力如何？

日本的專利技術中，「基本專利」較少、「周邊專利」較多。日本在保護智慧財產權的潮流中能夠存活嗎？

◆日本專利申請件數一年超過三十七萬件

日本可以說是世界第一的「專利大國」。九四年提出的專利申請件數為三七・一萬件，美國為二一・〇萬件，德國為一二・七萬件，日本大幅領先。日本在七四年的申請件數為十五萬件左右，也就是說，過去二十年來成長了二・五倍。

以專利或技術的進出口為對象的技術貿易收支，日本成為和美國、英國一樣的順差

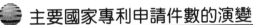

主要國家專利申請件數的演變

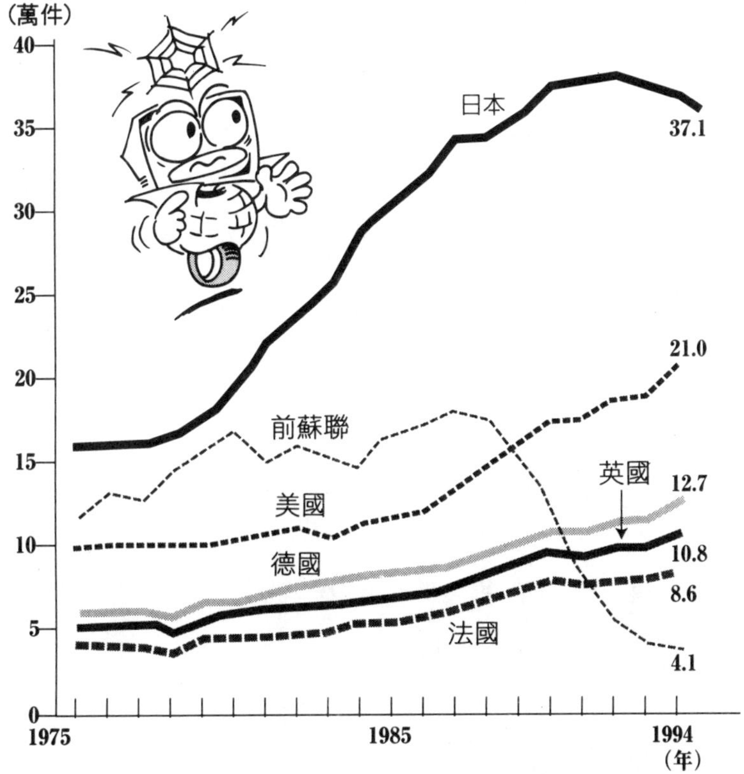

出處：「科學技術白皮書」（97年版）

國(技術輸出國)。據日本總務廳統計，九三年度初收支比(出口/進口)轉為順差，九五年度甚至上升到一・四三的水準。以絕對額來表示，則是出口額五六二一億日圓，進口額三九一七億日圓，出超額一七〇四億日圓。

戰後，日本的技術貿易持續以逆差為基調，如果沒有得到外國專利的協助，就無法製造產品，但是現在情況完全改變了。

◆弱點在於「基本專利」較少

問題在於這些順差主要是對亞洲各國貿易所產生的數字。對歐美先進國的收支比，則是美國〇・五八、德國〇・七二、法國〇・七八，基本上依然是入超（但對英國則例外，收支比三・四一，日本為絕對的出超國）。

這與前述「技術突破型」的創造開發力當然有關。日本技術專利的另一個問題點，就在於新技術、新產品的原理、架構有關的「基本專利」較少，而由其所衍生出來的「周邊專利」反而較多。

要製造某種產品，擁有支撐該產品的細部技術是不可或缺的，這點固然重要，但是決定該產品的基本結構或概念的，依然是基本專利。

近年來，美國對於這種專利的權利盡可能加以保護、強化。當這種「智慧財產權」的概念越來越強時，日本勢必處於劣勢。在這種狀況中，基於科學技術基本法推進的科學技術基本計畫，政府應該主動投資，致力於基礎研究、基礎技術開發的充實及強化。

7 日本為什麼是軟體弱小國？

日本在遊戲軟體的開發上居領先地位，但是「信仰硬體」、「軟體是失敗」的想法，形成資訊技術時代的瓶頸

◆日本人特有的偏重硬體主義

根據日本科學技術廳的調查，日本尖端技術範圍的技術導入件數，一九九五年時在電腦方面為一六八八件，分成細項來看，硬體為三七件、服務一七件，軟體則為一六三四件，占壓倒性多數。同樣在尖端技術範圍，與半導體相關的導入件數逐年減少，軟體則有上升的傾向，令人擔憂。

日本之所以成為「軟體弱小國」，原因就在於日本人特有的「偏重財物（硬體）主義」以及「軟體是失敗」的想法釀成了災禍，這是無可否認的事實。美國從六〇年代末期開始，就把硬體和軟體視為個別獨立的商品，但是日本長久以來就是硬體、軟體一起販賣，後者甚至成為折扣或服務的對象，這種商業習慣現在依然存在。

◆遊戲軟體能解救日本嗎？

日本的研究開發習慣無法造就如比爾・蓋茲般的天才技術者，這是一大問題。軟體

日本對美軟體進出口額（94年）

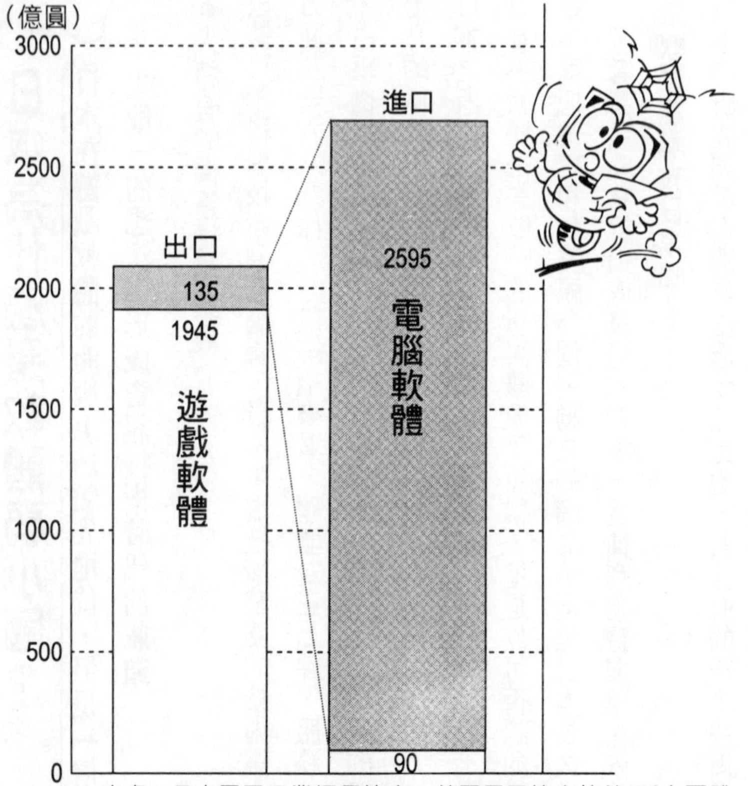

出處：日本電子工業振興協會、美國電子協會等美日4大團體

的開發並不是以共同作業的方式來進行，大多是有能力的「個人」技術者的構想或靈感開發出來的。然而，在日本「強出頭不好」的想法根深蒂固，在這樣的團體主義中，「個人」通常會被埋沒。同樣是軟體，遊戲軟體開發方面，日本居於世界領先地位，如圖所示，對於軟體貿易收支的改善也有所貢獻。

生產受人歡迎的遊戲軟體的日本企業，都是中小型投資企業。這些企業擺脫組織或學歷社會的束縛，其軟體大多是由具有獨立創造性的人自由開發出來的。

遊戲軟體是日本的拿手絕活，可以期待它成為下一代多媒體社會的重要項目之一。也許此處隱藏著洗刷軟體弱小國污名的突破關口。

8 美國產業的再生、復權為何能夠實現？

從基礎技術轉換到應用範圍，從國防技術轉移到民生技術，九〇年代實現「美日再逆轉」

◆藉著製造業的復權重拾活力的美國

這幾年來，美國產業界重拾了活力。八〇年代國內產業的空洞化以及日本的迎頭趕上，導致美國產業競爭力減弱，汽車、半導體等主力產業陷入「美日逆轉」的狀態。但是九〇年代前半期，發生美國再度占優勢的「美日再逆轉」現象。為什麼會發生再逆轉的現象呢？

其中一個原因是，「日本模型」的貢獻。上圖是美日技術開發特徵的模型。只要互相對照，就可以了解美日技術開發力的特徵。日本模型的特徵，主要是應用研究、商品

技術開發的日本模型與美國模型

日本模型	美國模型
應用研究、商品開發	基礎研究
漸進式的改良、技術融合	飛躍型進步
民生應用	軍事應用
過程、製造技術	產品技術
零件技術	系統技術
硬體	軟體
可能預測的技術	難以預測的技術
品質管理	附加新功能
輕薄短小化	新的設計思想
規格化、量產	訂做產品

出處：志村著「技術霸權在亞洲」

開發以及民生應用方面。

美國產業競爭力減弱的背景，是製造業的空洞化、生產基礎的脆弱化、因東西冷戰而輕視民生技術，這些都造成影響。柯林頓政權為了逃離這種困境，積極吸收日本技術開發的特徵。具體而言，就是從基礎技術轉換為應用範圍，從國防技術轉移為民生技術。這些努力終於開花結果。

致力於產業政策這一點也不容忽視。日本原本就是「產業政策國家」，通產省煞費苦心設立的「超LSI聯盟」（七六年），對於培育日本半導體產業有極大的貢獻。

在美國，自八〇年代後半期以來，在政府資金的援助下，為了開發半導體、確立製造技術，成立許多公民營共同機構，例如SEMA

ＴＥＣＨ（半導體製造聯盟），或以開發液晶螢幕等為目標的ＵＳＤＣ（美國顯示科技聯盟，US Display Consortium）等，對應產業政策的態度非常明顯。

此外，也要注意超越日本模型的「美國模型」的確立。

以大學等為基礎的「生產科學（Manufacturing Science）」體系化就是其中之一。日本的生產現場是利用ＴＱＣ（全面品質管理，Total Quality Control）來提升品質，藉著現場技術者的熟悉度，將著眼點放在提升投資收益上。生產科學的目標指向生產概念的數值化及科學的解析。這對於向來依賴感覺或經驗的日本手法而言是一大挑戰。

◆資訊技術以新一代的多媒體社會較強

資訊技術的進步，能夠促進多媒體或網際網路等獨特資訊產業的發展，這也是來自於美國的推展。其中像美國前副總統高爾所提倡的「國家資訊基礎建設（National Information Infrastructure，簡稱ＮＩＩ）構想」（資訊高速公路構想），對於建立世界各國資訊網路有極大的影響，同時也展開全球資訊基礎建設（Global Information Infrastructure，簡稱ＧＩＩ）構想。

藉由積極活用資訊技術，產生了ＣＡＬＳ（資訊運籌管理，Continuous Acquisition and Life-cycle Support）、內部網路（Intranet）等經營方法，致力於提升製造業或服務業的生產性，這也是不容忽視的事實。

9 亞洲的尖端技術會趕上日本嗎？

DRAM方面領先全球的韓國、占世界電腦總生產數六成的台灣、希望建立廣大地區多媒體網的新加坡、馬來西亞……

◆在半導體、記憶體方面奮戰的韓國企業

對於最近亞洲經濟的高度成長，有的人認為「只不過是徹底的投入勞力和資本，是暫時性的」。這些弱點的確應該注意，但事實上在尖端技術範圍內的確注入一股活力。

在「產業之母」半導體方面，美日兩國掌握八成強的市場占有率，而以韓國、台灣為主的亞洲勢力範圍，只不過占九・四%（參照圖①）。可是這個數字與歐洲相同，所以，也要注意相對的評價。除了微處理器之外，在半導體市場具有重要地位的DRAM方面，如圖②所示，居領先地位的是三星電子等韓國三大公司。

◆「電腦島國」台灣的實力

亞洲勢力的電腦及多媒體範圍的對應，要注意以下幾點。

例如有「電腦島」之稱的台灣，電腦的產量在九六年達到將近世界十五%的九六四

努力不懈的亞洲勢力

圖① 各國半導體市場占有率的演變

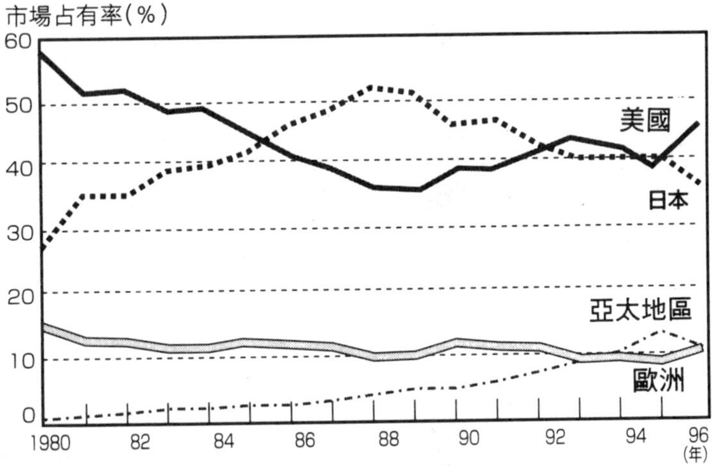

圖② DRAM廠出貨額排名(96年)

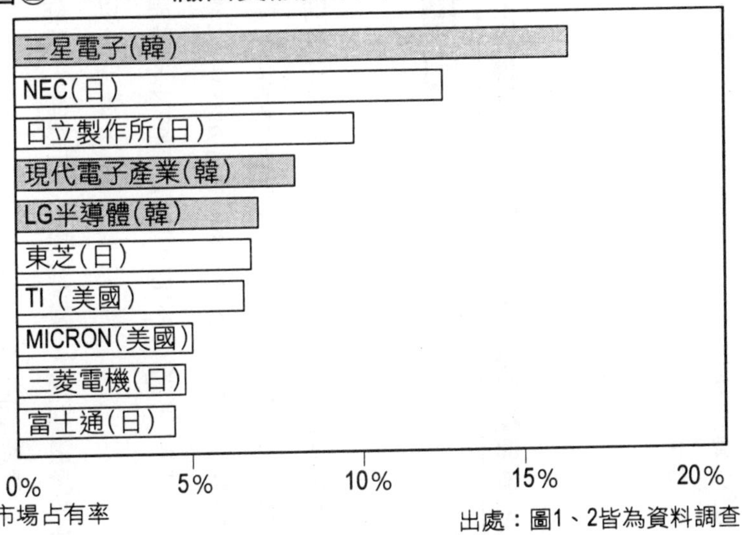

出處：圖1、2皆為資料調查

萬台。如果再加上電腦半成品主機板的出貨量（三一三二萬片）在內，則世界電腦生產台數約六成都是「台灣製」。此外，像滑鼠、鍵盤、掃描器、電腦螢幕、開關電源等電腦周邊商品的供給，台灣也具有世界市場一半以上的實力。

在多媒體方面，NIES（新興工業化經濟體，Newly Industrilized Economies）、ASEAN（東南亞國協，Association of Southeast Asian Nations，簡稱東協）各國也努力不懈。其中像新加坡的「IT二〇〇〇」和馬來西亞的「多媒體超級走廊（Multimedia Super Corridor，簡稱MSC）」，則是在政府的主導下希望實現建立廣大地區多媒體網的構想。

10 業界標準備受注目的理由

以「WINTEL」為代表的「業界標準」的威力。市場原理促進規格統一

◆市場原理主導的「標準規格」

最近產業界的關鍵字之一就是「業界標準（Defacto Standard）」。它與ISO（國際標準化組織，International Organization of Standardization）或ITU（國際電信聯盟，

International Telecommunication Union）等國際正式機構所認定的規格不同，是指在市場競爭中獲勝、事實上具有與標準規格同樣效力或影響力的產品規格。

以電子、資訊為代表的尖端技術，技術的進步日新月異，在短短的一、二年裡，技術就會發生很大的變化。因此，等到正式機構公布標準，恐怕企業已經失去競爭機會。結果，就變成了以市場原理為主導的形態，致力於規格的統一或標準化。

現在個人電腦市場主流產品的「WINTEL」機，就是業界標準的典型例子。IBM公司（國際商業機器公司，International Business Machines Corporation）PC／AT互換機，藉著搭載微軟的作業系統（Operating System，簡稱OS）「Windows」和INTEL的微處理器（i四八六、Pentium），大量流通到市場，在世界市場有九成占有率。其對抗機種是蘋果電腦公司的麥金塔，不過，最近由於新OS開發遲緩以及支援力不足，其存在感逐漸淡薄。

◆透過企業聯盟採取事前規格化的行動

為了取得業界標準，企業間的競爭非常激烈，原因在於得到業界標準的企業會占有市場優勢，可以確保利益。例如VTR（視頻磁帶記錄器，Video Casstte Recorder）市場方面，日本VICTOR（日本勝利公司，Japan Victor Company，簡稱JVC）的VHS方式超越SONY的Beta方式，結果一年內得到一百億日圓的專利收入。

關於DVD規格的廠商對立圖

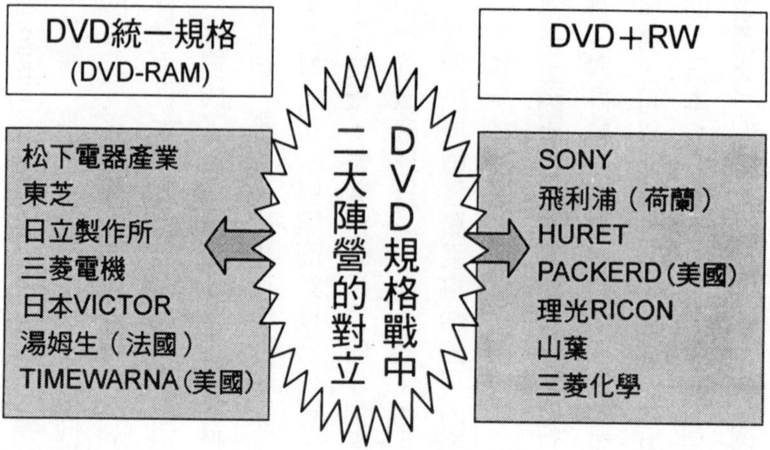

最近，隨著技術高度化、企業間技術水準的拮抗激烈，單一企業要形成標準非常困難。因此，幾個企業彼此合縱連橫，在產品上市前就統一規格，這種例子屢見不鮮。

以照相底片為例，以前柯達所採用的規格是業界標準，但是九六年推出的新照片系統「APS（先進攝影系統，Advanced Photo System）」，則是規格的提倡者柯達和佳能、富士軟片等公司互助合作而確立的業界標準。

關於這一點，新一代記憶媒體的DVD（數位影音光碟，Digital Video Disc）也一樣。DVD—RAM的規格不統一，是由於SONY、松下電器兩大集團步調不一致而造成業界分裂所致。總之，雙方之間為了成為業界標準而展開激烈競爭。

PART1

電子技術的世界

支配我們生活的電器的基本構造

◎記憶晶片進化到什麼地步為止？
◎LSI系統是單一晶片電腦嗎？
◎覬覦半導體寶座的超導設計
◎可望成為新一代記憶媒體的DVD
◎數位相機與普通相機有何不同？
◎螢幕可以薄、寬到什麼地步為止？
◎超並列電腦的威力為何？
◎生物感應器的構造為何？

所有尖端技術之路都通往電子

對人類而言，二十世紀堪稱「技術革新的世紀」。從第二次世界大戰結束到今日為止的半世紀，現在圍繞在我們身邊的各種電器基本電子工學已經有了加速度的發展。

事實上，這五十年來電腦、電晶體兩大發明，再加上ＩＣ（積體電路，Integrated Circuit）、雷射、光纖、液晶螢幕、微電腦、個人電腦，現在電子的核心技術陸續誕生。其基礎是「半導體」技術。只能讓少許電通過的半導體是硅和鍺，誰會想到這些物質竟然能夠成為掌握二十世紀技術革新的關鍵。

利用半導體性質的ＩＣ，瞬間提高了積體的程度，演變成ＬＳＩ（大規模積體電路）、超ＬＳＩ、超超ＬＳＩ，加速電器的高功能化、小型化。

此外，機械工學和電子工學融合，成為「機械電子」。電子對產業界造成的影響非常大。例如，製造精密機械時不可或缺的就是融入電腦的「ＮＣ工作機械」。以往必須依賴熟練工人的工作，現在只要按下一個按鍵就可以完成。

許多電子技術是為了配合軍事的需求而產生的，但是，卻在短期間內產業化，可供廣大民生利用，得到良好的評價。尤其戰後的日本，收音機、電視、ＶＴＲ、ＣＤ（光

●電子領域的未來技術預測

2010	◎利用生化反應，例如，醫療上使用的超小型生物感應器可以實用化。
2013	◎最小尺寸10微米的模型量產加工的技術可以實用化。
	◎開發出1晶片中含有1 terabit的記憶體。
2014	◎將1晶片中含有256 GB以上的超LSI實用化。
	◎開發出滾筒形（能夠變成圓形）的螢幕。
2015	◎開關速度在1微微秒以下就可以作動的半導體LSI的實用化。
	◎使用有機材料開發出發光型螢幕，例如可以占據整個壁面的超大型螢幕。
2018	◎TIPS（Tera Instruction Per Second）級的微處理器的實用化。

編輯部根據科學技術廳『第6次技術預測調查』資料製作

碟，Compact Disc）等的民生用電器的開發、產品化，締造驚人的成績，對於電子技術的普及貢獻良多。

二十一世紀的電子世界將朝向資訊化社會轉移，在這個時代潮流中，也包括了新的開發課題和需要在內。

與電子設計有關的是giga（等於十億）bit（1bit是儲存0或一的信號的最小單位）記憶體、開發大畫面顯示裝置，與系統有關的則是數位AV機器，超並列電腦、腦型電腦等，打破以往技術界限的革新技術已經蜂擁而至。

市場還有發展的餘地。像日本的電子工業生產九六年達到二四・四兆日圓，這個數字相當於總機械生產的三五・七％，首度超過昔日居於領先地位的運輸機器（三四・二％）的規模。步入二十一世紀後，強化研究開發、開發高附加價值商品以及創造新市場等都成為主要課題。

1 記憶晶片進化到什麼地步為止？

從MB向GB挑戰的DRAM。不揮發性螢幕也備受注目

◆RAM與ROM的不同

使用電腦或文字處理機時，你是否曾經不小心切斷電源，結果所有資料都消失了？

我們輸入電腦的資料，會暫時儲存在電腦主體中的半導體記憶體中。但是切斷電源時，半導體記憶體中的資料會消失。這類半導體記憶體稱為揮發性記憶體，其代表是RAM（隨機存取記憶體，Random Access Memory）。RAM可以輸入、讀取資料。

電腦除了RAM之外，還有專門用來讀取資料的半導體記憶體ROM（唯讀記憶體Read Only Memory）。ROM不能輸入新的資料，但是切斷電源時，資料也不會消失（不揮發性記憶體），因此，可以用來記憶電腦發揮功能所需的最重要基本程式。

插入電源，電腦主體立刻可以讀取ROM的資料，表示起動準備OK。換言之，如

RAM與ROM的差異

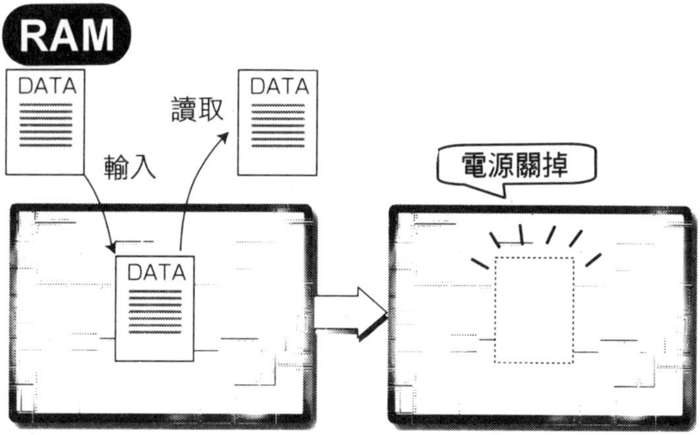

可以輸入及讀取資料

電源關掉時，儲存的資料全部消失

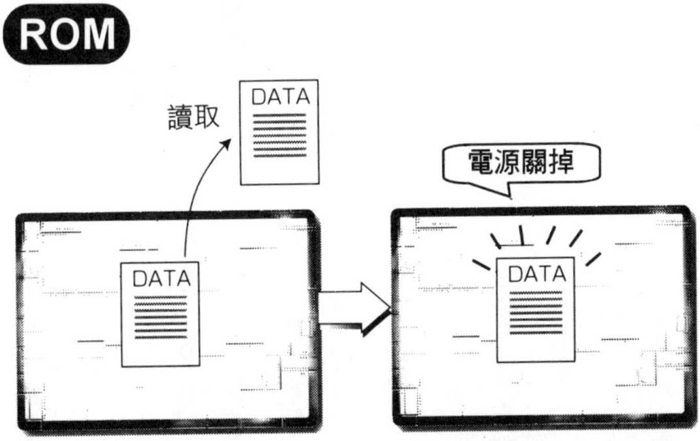

專門用來讀取資料

電源關掉時，儲存的資料不會消失

果沒有ROM，則電腦只是個普通的「箱子」罷了。CD－ROM是取代半導體使用CD的外部記憶裝置。

◆可以完全收錄貝多芬第九號交響樂的一GBDRAM

DRAM在構造上大致可以分為S（Static）RAM和D（Dynamic）RAM。

SRAM（靜態隨機存取記憶體）主要用在超級電腦的主記憶裝置，一般電腦幾乎不使用。優點是速度快，缺點是容量小。相反的，DRAM大多使用在個人電腦的主記憶裝置。為了避免記憶內容消失，必須進行更新動作。可以實現大容量、經濟的優點。

DRAM（動態隨機存取記憶體）已經可以大容量化。美國英特爾（Intel）公司自七〇年開發一K（kilo＝1000）的容量後，每隔三年就以四倍的比例達到四K、一六K、六四K……的大容量化，現在則進入比「K」多三位數的「M（mega＝一百萬）」時代。

進入二十一世紀，又持續向提高三位數的「G（giga＝十億）」挑戰。

日本廠商在國際會議上發表一G、四G試驗產品。一G在二〇〇〇年開始生產，四G則在二〇〇五年生產。

具體而言，一G的容量相當於四千頁報紙（一般報紙三個月份）的資訊量，如果是

DRAM與SRAM的差異

DRAM的情況

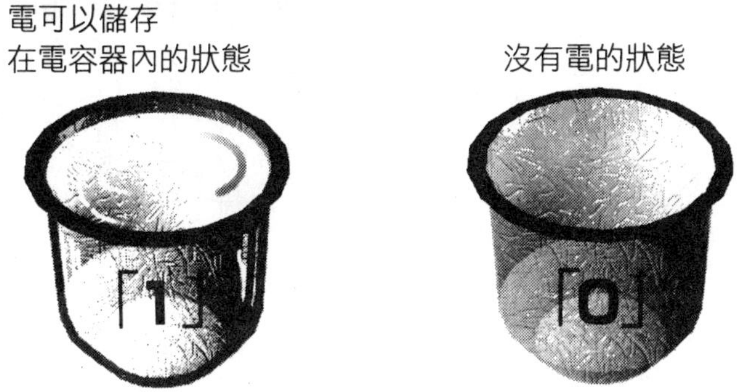

資料是以「1」和「0」來表示。如果電容器中裝滿了電就以「1」來表示，如果是空的就以「0」來表示。儲存在電容器中的電很快就會用光，因此要經常補充電（快閃）。

SRAM的情況

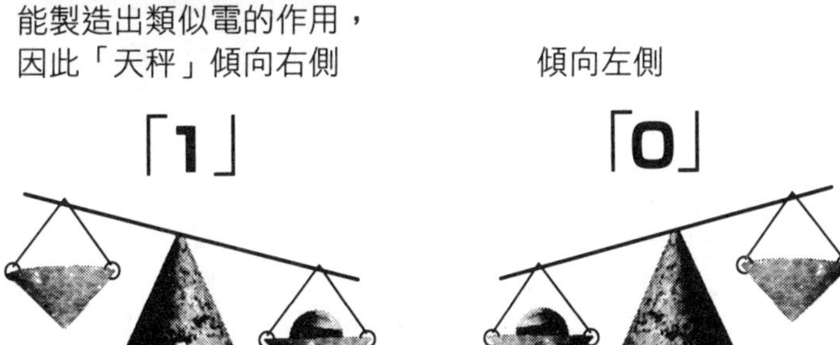

能夠製造出電的「天秤」會記憶是朝右或朝左傾斜。在輸入新資料之前會保持這個狀態，因此不需要快閃。

聲音，則Hi-Fi音質可以錄製七十分鐘。換言之，這是連貝多芬的第九號交響樂都可以完全收錄的超級晶片。

大容量化可以藉著微型加工技術的進步來實現。大體而言，DRAM的配線在一毫米左右，一K大約為一百條的寬度、一M約一千條、一G約一萬條。隨著三位數大容量化的進展，每一位數會持續朝細微化的方向前進。

◆具有強誘電體特徵的FeRAM

在半導體記憶體的世界，是由DRAM負責主要任務，一旦切斷電源，所儲存的資料就會消失，這是它的一大弱點。能夠克服這個弱點的，則是現在備受注目的不揮發性記憶體，即使切斷電源，所儲存的資料也不會消失。

強誘電體記憶體（通稱FeRAM，Ferro electric RAM）就是其中之一。DRAM儲存著「1」、「0」的訊息，切斷電源時，因為電子消失而資料消失。但是稱為「強誘電體」的FeRAM，即使切斷電源，電子也不會消失，所以資料並不會消失。

這個特徵可以使用在IC卡、易付卡或旅客行李用的標籤上。

強誘電體的材料是PZT（鋯鈦酸鉛）及SBT（鉭酸鍶鉍）等。

快閃記憶體的特徵與應用例

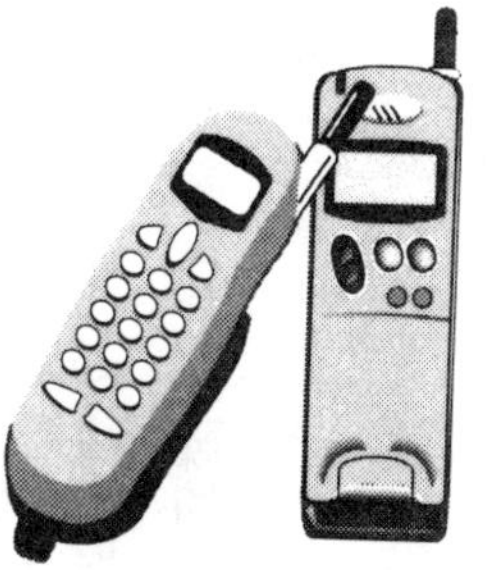

行動電話

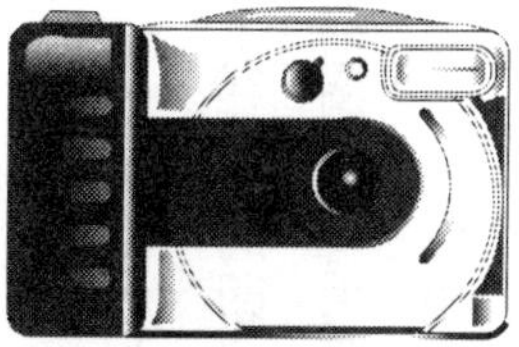

數位相機

快閃記憶體

①專門用來讀取的ROM，可以消去記憶的資料，輸入新的資料
②能夠消去全部記憶內容
③小型、輕量、高速性、低耗電力、耐撞擊

PDA

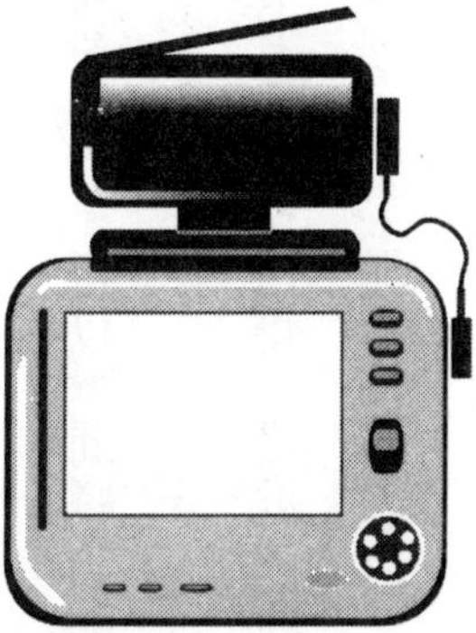

星導航系統

以往這種強誘電體很難在記憶晶片的基礎硅片上形成穩定的薄膜，最近已經解決這個問題，能夠產品化。但是成膜技術還不足，因此容量僅止於二五六K。

◆希望能夠取代硬碟的快閃記憶體

還有一種不揮發性記憶體，就是快閃記憶體（Flash Memory）。

對於專門用來讀取的ROM，如果要除去原有資料，重新輸入資料，則必須要使用不揮發性記憶體，以前必須要使用EEPROM（電氣式可消除可程式唯讀記憶體，Electrically Erasable Programmable ROM）。快閃記憶體也是EEPROM的一種。以前的EEPROM每次只能夠消去一位元組，但是，這種快閃記憶體可以將整個記憶體或以區塊為單位消去資料。

快閃記憶體是東北大學舛岡富士雄教授還在東芝時發明的。可以瞬間將記憶資料完全消除，給人快閃的印象，因此稱為快閃記憶體。

快閃記憶體的應用範圍之一，就是取代以往的EEPROM市場。最近則進一步應用在行動電話、數位相機、PDA（個人數位助理，Personal Digital Assistant，又稱為掌上型電腦）、衛星導航系統等各方面。

快閃記憶體具有小型、輕量、高速性、低耗電力、耐撞擊等優於硬碟的性能，今後也可以用來做為電腦外部記憶裝置。但是，目前與其他記憶體相比，輸入資料的次數較少、記憶容量較小，而且每一位元組的單價高出二～三倍，這些缺點還有待改善。

2 ＬＳＩ系統是單一晶片電腦嗎？

將邏輯電路與記憶電路搭載在單一晶片上的未來型ＬＳＩ。期待兩者的技術能發揮日本的技術力

◆多個ＬＳＩ在一片晶片上

半導體晶片的世界，從ＩＣ到ＬＳＩ、超ＬＳＩ，逐漸高積體化，配合使用者的需求，也逐步開發顧客ＬＳＩ。因為不是普通的零件，而是將零件組合起來，所以稱為「系統」。

將許多ＬＳＩ組合起來的系統集中在一片晶片中，致力於小型化，並且實現高功能、高性能化的技術。以邏輯電路（ＭＰＵ＝微處理器，Micro Processor Unit）為主軸，搭配記憶電路（ＤＲＡＭ）。

ＬＳＩ系統的最大優點，就是ＭＰＵ與ＤＲＡＭ二個晶片之間不必連接匯流排（Bus）。以前，一次處理大量的資訊時（例如處理動畫等），匯流排的速度會陷入瓶頸。

LSI系統的構造

將過去利用不同晶片的邏輯電路與記憶電路搭載在同一晶片上

但LSI系統化之後，若在一片基板上安裝兩者，就不需要匯流排，可以加快處理速度。

此外，LSI系統小型、輕量化，耗電量也較小，應用在行動電話或PDA上，不但能夠使其小型化，而且電池的耐用時間也較長。

◆在日本先行產品化

LSI系統的弱點即製造要素有其難處。MPU與DRAM的製造工程完全不同，但是搭載在同一晶片上，必須要使用相同的工程來製作。就好像把中國菜和日本菜放在一個鍋裡來煮一樣。不過，最近包括快閃記憶的搭載在內，這些問題已經解決了。

值得注意的是，日本廠商已經先行將ＬＳＩ系統產品化了。最近，日本的半導體產業在ＭＰＵ勢力強大的美國、ＤＲＡＭ驍勇善戰的韓國及台灣等亞洲勢力的狹帶中求生存，所以將來的發展較不穩定。但是ＬＳＩ系統融合了兩者的技術，而在這方面技術力較強大的日本，可以發揮自己的特色。

3 覬覦半導體寶座的超導設計

利用超導現象製造電腦用的運算元件或記憶元件，在一秒內就可以開關一兆次

◆以往的電子設計素材是以硅等為主流

我們的身體是由細胞集合而成，而ＩＣ或ＬＳＩ的細胞就是構成元件。ＩＣ是積體電路，也就是在硅板上集合許多電路零件。電路零件包括電晶體或電阻等的構成元件。元件數目在一千～十萬個稱為ＬＳＩ，超過這個數目稱為超ＬＳＩ，一千萬以上則稱為超超ＬＳＩ。像這種積體電路就稱為電子設計。以前的電子設計，是使用硅、鎵砷等半導體材料，近年來，使用超導體的一連串設計備受注目。

◆何謂約瑟夫森效應

所謂超導，是指在接近絕對零度（負二七三℃）的低溫時，某種物質的電阻為零的現象。一般而言，當成電線來使用的銅線等雖是導體，但因為有電阻，所以電流流過時會產生耗損。不過，某物質達到顯示超導狀態的臨界溫度時，則完全不會產生耗損。這種顯示超導狀態的物質，稱為超導體。

使用超導體設計的代表是約瑟夫森元件。這是英國的G・約瑟夫森在一九六二年基於理論上預測的約瑟夫森效應製造出來的元件。其基本原理是，讓二個超導體在一點接觸，或是夾著非常薄的絕緣體（所謂的約瑟夫森接合），然後通電，到一定的電流為止電阻為零。

換言之，依電流大小的不同，可以製造出電阻為零的狀態或有電阻的狀態。簡單的說，就是可以讓開關的ＯＮ、ＯＦＦ高速進行。

例如利用約瑟夫森元件製造電腦用的運算元件或記憶元件，能夠以微微秒的速度，也就是一秒一兆次的超高速進行關關切換，而且耗電極小（微瓦＝一百萬分之一瓦）。

以速度來比較，使用以前元件的電腦是汽車，使用約瑟夫森元件的電腦則是耗油量

約瑟夫森接合的種類

隧道型（三明治構造）

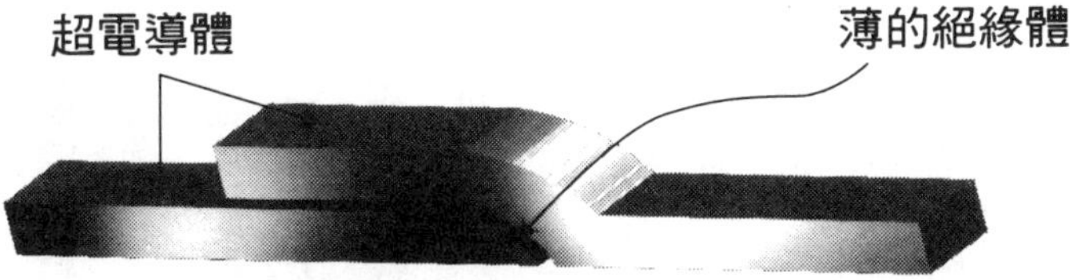

微橋型（中間變細的構造）

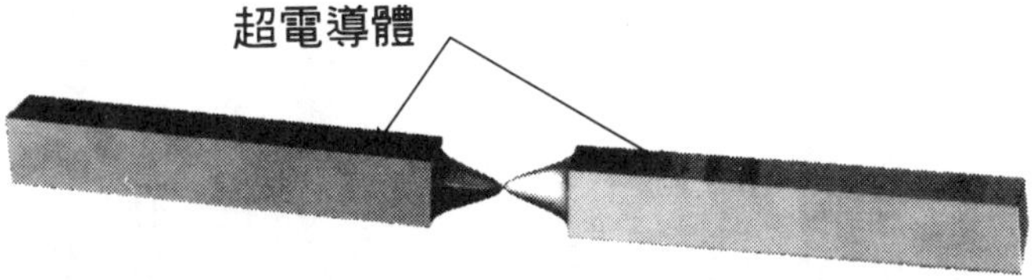

點接觸型

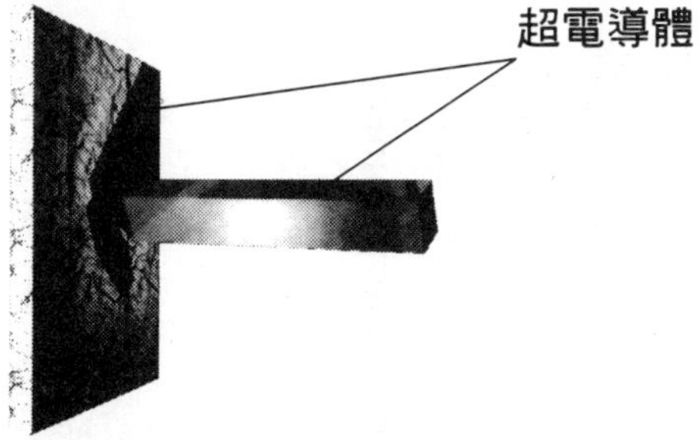

　　不管是哪一種，到一定的電流為止電阻為零，接下來則會因為其他的電流產生電阻。因此，藉著變換電流的大小可以高速切換開關。

超低的巨無霸噴射客機。

關於超導體的材料，過去是使用鉛或鈮等金屬系材料。這些金屬系材料比液態氦更需要冷卻到接近絕對零度的溫度才行。但是，最近開發出氧化物系的高溫超導體，即使在超過液態氮溫度（負一九六℃）的溫度中也可以作動。所以，找出儘可能在高溫（但也是零下幾度）溫度中運作的超導體，也是一大課題。

◆實現超高感度磁氣感應器

流通於約瑟夫森接合的電流，具有與外部磁場敏感反應的性質。利用這個特性，就是ＳＱＵＩＤ（超導量子干涉元件，Superconducting Quantum Interference Device）。也就是將二個以上的約瑟夫森接合組合起來，成為高感度磁氣感應器，就算是從心臟和腦發生或來自地磁氣一百萬分之一到數億分之一的微弱磁氣，都可以檢測出來。

利用這種方法，可以測定由身體發生的磁氣，而且知道發生部位和強度。這樣就能夠以狀態圖的方式了解身體肌肉的活動或腦細胞的活動。

例如，發生狹心症或心肌梗塞時，不是以心電圖，而是以「心磁圖」的狀態圖特徵的形態來表現。以這個原理為基礎，可以嘗試開發心磁計或腦磁計。

約瑟夫森元件與其他元件的速度比較

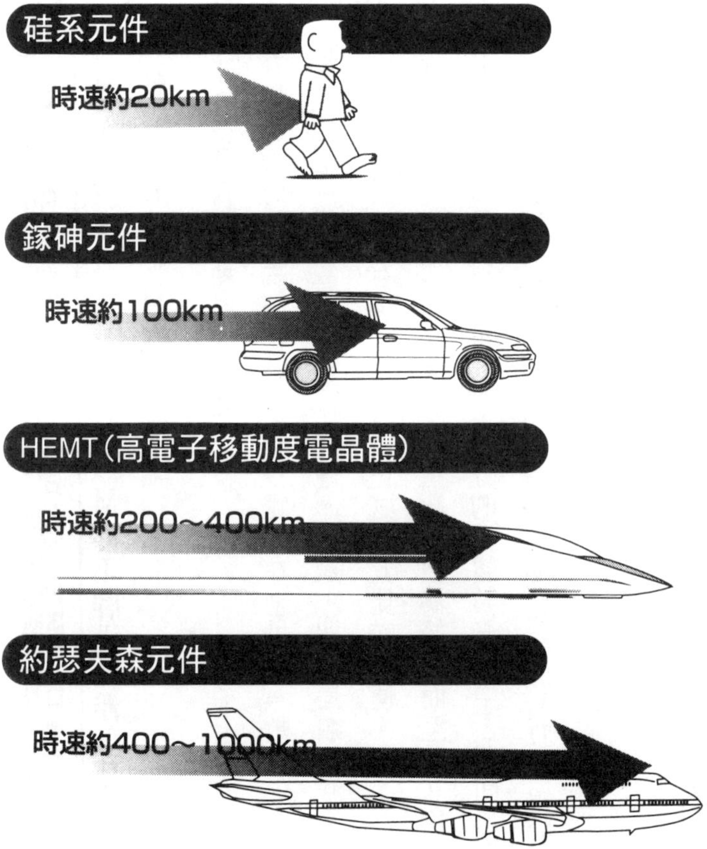

與硅系元件相比，約瑟夫森元件速度快了20～50倍

4 可望成為新一代記憶媒體的DVD

成為後VTR、CD－ROM的王牌迅速浮上檯面。擁有三三〇〇片軟碟、七片CD的記憶容量

◆取代VTR或LD的新影像媒體

大家在聽音樂時，是聽唱片還是CD呢？在全世界「數位化」的旋風中，的確還是有人醉心於黑膠唱片或錄音帶等類比媒體。但是，即使是類比派的人，也不得不承認CD或MD（迷你光碟，Mini Disc）等數位式媒介比較方便。

與音樂同樣的，在影像世界裡，數位化的波濤蜂擁而至，其急先鋒則是新影像記憶媒體DVD。在與CD同樣直徑十二公分的塑膠製光碟中，單面可以收錄二小時十三分鐘的高畫質影像，與過去和錄影帶同樣負責影像資料的LD（雷射影碟，Laser Disc）大小相比，更為小型化。

◆因為數位化而實現大容量理想

影像資料與音樂資料相比，資料量更大。以一單位的音樂資料來計算，影像資料為其一千倍。將如此龐大的資料記憶下來，並不是簡單的事情。到底什麼樣的構造才能完

DVD的構造

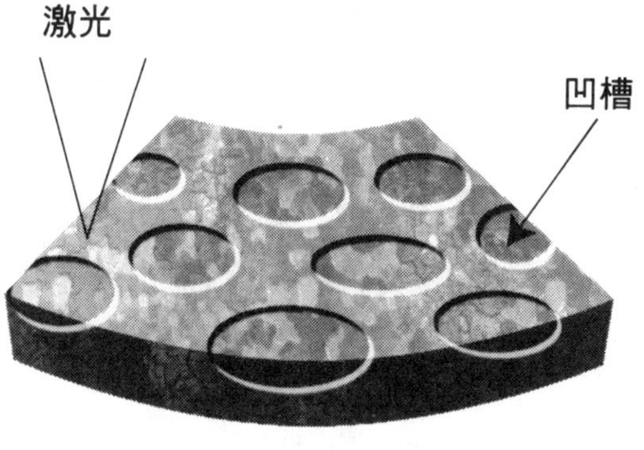

利用激光讀取凹槽(溝)，使影像或聲音重現。與CD原理相同，但是DVD的凹槽大小與間隔比較細，而且也應用了影像壓縮技術。

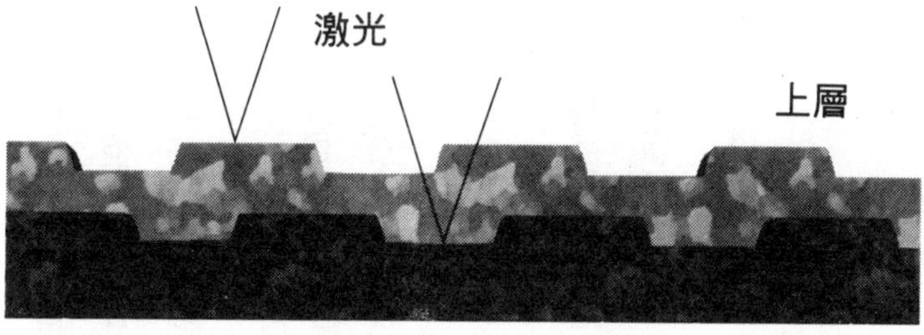

雙層構造。上層與下層藉著更換激光的焦點即可讀取。

成這個任務呢？

ＤＶＤ是數位化的「１」、「０」信號連續記錄在稱為「凹槽」的橢圓形溝內，然後利用激光依序讀取的構造。其原理與CD幾乎相同，但是與ＣＤ或ＬＤ相比，資料容量更多，這是因為凹槽的洞和間隔變細，以及開發出能夠將大量影像資料有效壓縮的技術（ＭＰＥＧ）所致。

而且將二片光碟貼合起來，變成上下二層的構造，可以得到多出一倍的容量。上下層光碟可以改變激光的波長來讀取信號。現在數位影音光碟機有放映專用機以及兼具錄影的機種，因而取代錄影機，成為市場的主流。

◆備受注目的電腦用記憶裝置

ＤＶＤ除了成為影像記憶媒體外，也可以期待成為電腦的記憶裝置。

ＤＶＤ有放映專用的ＤＶＤ－ＲＯＭ，以及可以重新輸入的ＤＶＤ－ＲＡＭ，還有只可以輸入一次的ＤＶＤ－Ｒ（追記型ＤＶＤ）。

ＤＶＤ－ＲＯＭ的記憶容量為單面四・七ＧＢ（十億bite），相當於七張ＣＤ－ＲＯＭ、三三〇〇張軟碟，電腦的活用度更大了。

另一方面，可以自由改寫的ＤＶＤ－ＲＡＭ這種電腦用大容量記憶媒體，可望取代

DVD可以用來代替記憶媒體嗎？

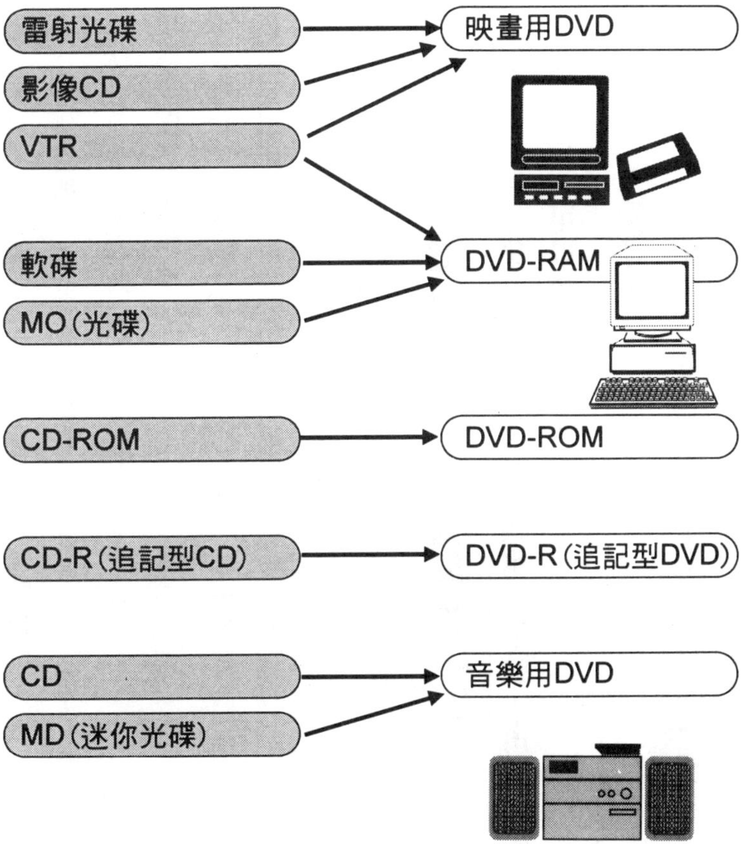

大容量的DVD有可能取代所有的記憶媒體

軟碟、MO光碟（磁光碟，Magneto Optical）等的地位。

DVD一般簡稱「數位影音光碟」，但是除了影像外，也可以當成電腦的記憶媒體來利用，因此，最近也將其稱為「數位全能光碟」。

◆廠商之間的統一規格戰

現在，關於可以重新改寫的DVD規格，兩大陣營展開激烈的競爭。

以松下電器產業、東芝為主的陣營，已將統一規格的「DVD－RAM」商品化。另一方面，SONY、荷蘭飛利浦等陣營，則以「DVD＋RW」的名稱致力於另一規格的商品化。消費者到底要買哪一種產品，可要傷透腦筋了。

5 數位相機與普通相機有何不同？

CCD將聚集在透鏡的光轉換為電子信號，由快閃記憶來記憶，不需要底片，可以隨意重拍或加工

◆不需要底片的相機誕生了

你是否曾用放大鏡看過昆蟲的眼睛呢？昆蟲的眼睛是複眼，許多眼珠規律正常的排列。會讓人聯想到昆蟲複眼的數位相機，所使用的就是CCD（電荷耦合裝置，Charge

數位相機的構造

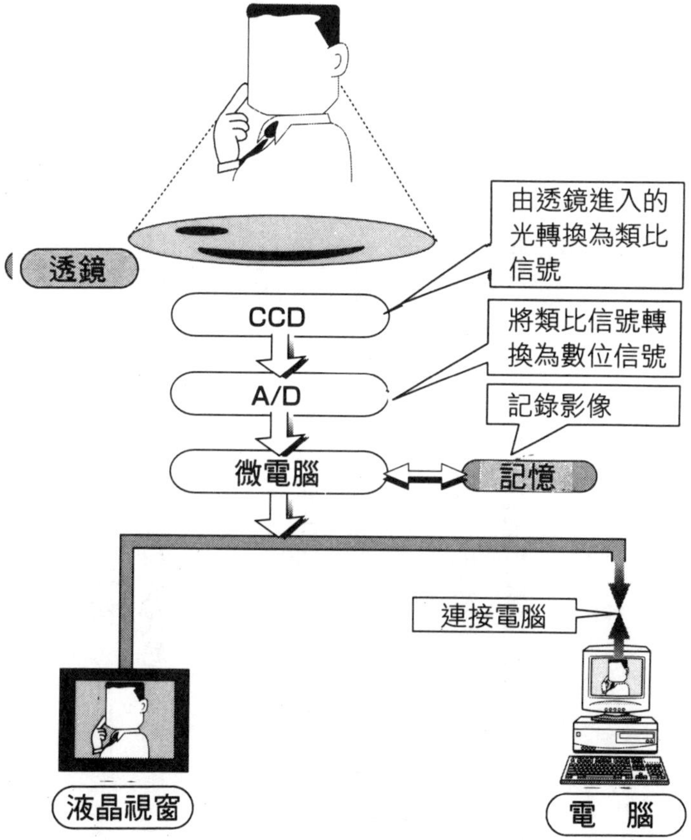

Coupled Device）。

　ＣＣＤ也稱為「電子眼」。在只有數毫米的方形硅晶片上如網眼般排列了數十萬隻「眼」。每一隻眼稱為「畫素」，能夠將透鏡所收集的光轉換為電子信號。畫素的數量越多表示畫像越鮮明。

　最近受人歡迎的數位相機，使用的就是ＣＣＤ。

數位相機的外觀

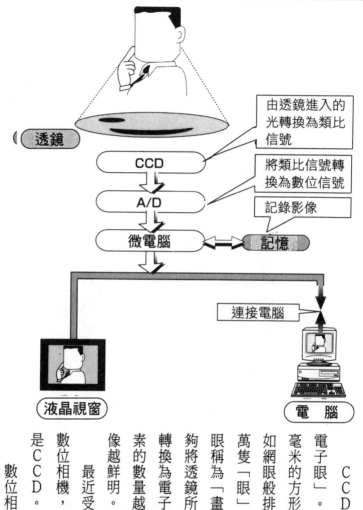

和普通的袖珍型相機非常類似，但是，內容卻是電子集合體。不是使用一般相機所用的銀鹽底片，而是使用CCD與記憶晶片。

CCD傳送來的電子信號，從類比更換為數位，利用電腦壓縮成容易處理的形態，記憶在稱為快閃記憶的記憶晶片中。這個過程取代底片的作用。而負責搭配各個晶片的則是微電腦。

◆數位形態讓人可以自由加工

以往的相機，照片在拍攝後必須讓底片顯相，但是數位相機完全不需要這些工夫。配備液晶螢幕的機種，能夠當場將拍攝的影像顯現出來，不要的影像可以立刻清除。

因為影像已經成為數位資料，所以，可以利用電腦進行各種加工。

應該說，有了電腦，數位相機才有存在的意義。利用印表機就可以印出接近一般照片、畫質清晰的數位相片。現在已經出現解析度極高的機種，相機的主流也已經變成數位相機。

6 螢幕可以薄、寬到什麼地步為止？

令人期待的電腦螢幕裝置是液晶螢幕。現在連壁掛式的電漿螢幕也實用化了

◆螢幕是多媒體時代的「臉」

堪稱多媒體時代的「臉」的螢幕世界，現在出現新的潮流。以往的映像管（ＣＲＴ＝Cathode-Ray Tube）已經變成液晶螢幕（ＬＣＤ＝Liquid Crystal Display）或電漿螢幕（ＰＤＰ＝Plasma Display Panel），各種薄型螢幕陸續實用化。

薄型螢幕大致分為自行發光的「自發光型」，以及利用透過光或反射光等外部光線的「受光型」。

自發光型有電漿螢幕、電致發光（ＥＬ＝Electroluminescence）以及發光二極體（ＬＥＤ＝Light Emitting diode）。受光型則是液晶螢幕。

◆傾向大畫面化、低價格化的液晶螢幕

液晶螢幕可說是現在薄型螢幕中最普遍的一種。

液晶的存在是由十九世紀末澳洲植物學家Ｆ・萊尼斯所確認的。六八年，美國ＲＣ

A研究所的研究團隊想到將其應用在顯示裝置上，開啟普及的端倪。

最初只應用在電子計算機、手錶等的數字顯示上。後來可以顯示文字、圖形，同時畫質提升，可以彩色化、大畫面化，最近大多使用在AV（Audio視頻／Video音頻）機器、電腦、遊樂器上。

液晶雖是液體，但是卻如同固體一般，是分子排列規律的物質。加入電壓，能夠讓液晶分子改變方向與光的透過率。利用這種基本特性來發揮螢幕的功能。

只要看百葉窗就可以了解這個構造。在沒有加諸電壓（百葉窗打開）的狀態下會透光，而在加諸電壓（百葉窗關上）的狀態下則不透光。

詳情請看七十三頁圖。只讓一定方向的光通過的二片偏光板，改變方向貼於帶有電極的玻璃板上，在放入液晶之後照光。在關上電壓的狀態下，液晶分子扭轉，通過最初的偏光板，光也隨之扭轉，然後通過另一片偏光板（看起來是亮的）。這是百葉窗（液晶）打開的狀態。

加諸電壓時，液晶分子是筆直的（百葉窗關上的狀態），通過最初偏光板的光無法通過另一片偏光板（看起來是暗的）。

加諸電壓的方式可以隨著畫素來改變，因此可以做各種顯示。在玻璃基板上，可以

液晶螢幕的構造

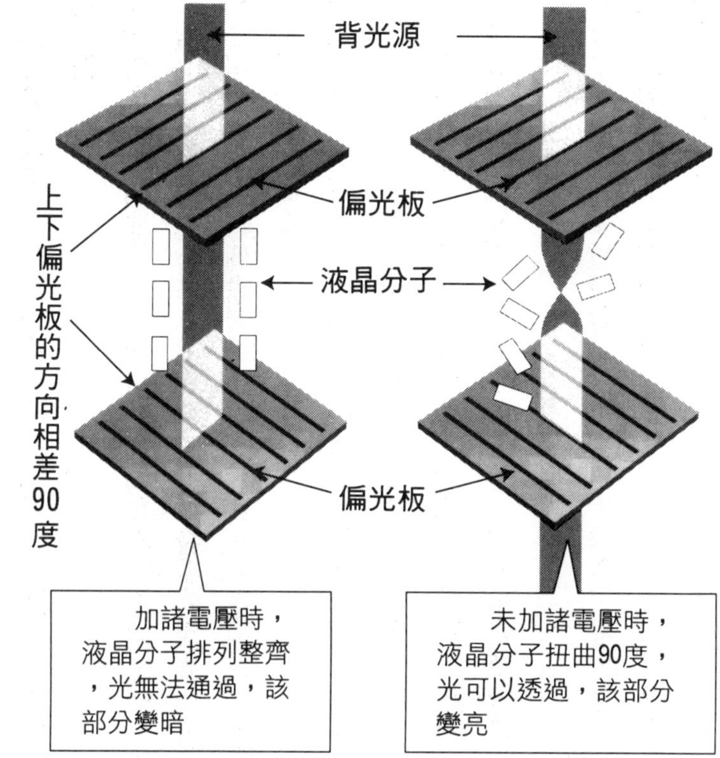
背光源
偏光板
液晶分子
上下偏光板的方向相差90度
偏光板
加諸電壓時，液晶分子排列整齊，光無法通過，該部分變暗
未加諸電壓時，液晶分子扭曲90度，光可以透過，該部分變亮

配合畫素的數目，形成紅（R）、綠（G）、藍（B）三原色的彩色濾光片，立刻就可以彩色化。

現在液晶螢幕已經從十五型（畫面對角線長度為十五吋）以下逐漸開發出大畫面、低價格化的螢幕了。

◆成為「壁掛電視」優勝者的電漿螢幕

薄型螢幕的另一梟雄是電漿螢幕。這是利用氣體中放電的方式。

這種螢幕的構造，是在兩片玻璃板中封入氣體。玻璃板之間細微的隔開空隙。這個空隙稱為槽。

在槽的底面與側面塗抹螢光體，加諸電壓，則內部的氣體會放電，同時放出的紫外線照到螢光體就會發光。基本上與螢光燈會發亮的構造是相同的。

彩色電漿螢幕是每個畫素與塗上紅（R）、綠（G）、藍（B）的螢光體的各槽對應，顯現出全彩的畫面。

電漿螢幕的原理是六四年美國伊利諾大學發明的。其後的開發，則是以日本企業為主來進行。九〇年代之後確立了彩色顯示技術，迅速實用化。

其主要特徵是，與使用映像管的電視相比，較輕、較薄。使用映像管的三十二吋電視，重量五十公斤，深度超過五十五公分。而使用電漿螢幕的五十吋電視，重量六十幾公斤，深度只有十公分。

與液晶螢幕相比，電漿螢幕的可視角度較廣，這也是它的一大特徵。所謂可視角度是指能夠讓視聽者清楚看到畫像的範圍。液晶螢幕的可視角度大約是左右六十度、上下四十五度，電漿螢幕為上下左右八十度，比較寬廣。將其稱為「壁掛電視」的優勝者，理由就在於此。

電漿螢幕的構造

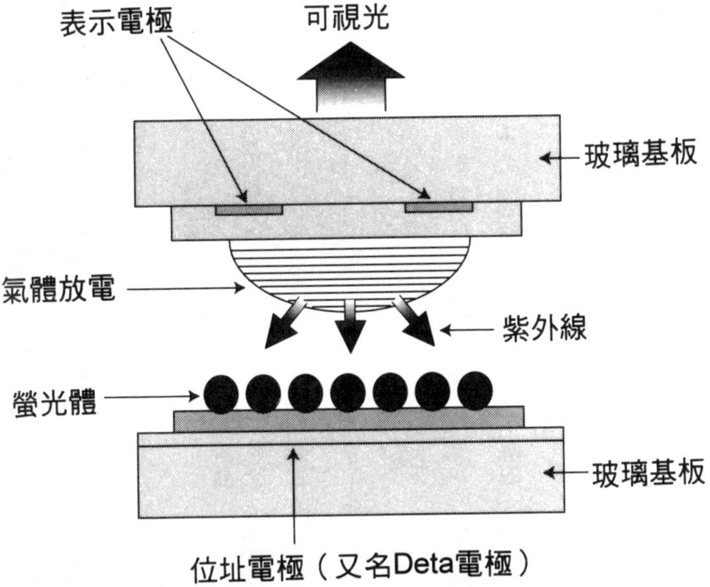

加諸電壓時，封在兩片玻璃基板之間的氣體放電，同時產生的紫外線會照到螢光體而發光。

電漿螢幕的畫面較暗、壽命較短，不過最近已經大幅改善這個缺點。今後可以做為電視螢幕來利用，同時也可以利用在飯店、機場大廳等公共場所的顯示板或電腦、遊樂器上。

7 超並列電腦的威力為何？

與多個微處理器協調而發揮作用的電腦。在處理資料庫及龐大的科學技術計算上發揮威力

◆使用多個MPU有效的進行計算

相同的計算問題，由一個珠算一級的人單獨計算，以及由五個八級的人，何者速度較快、較經濟呢？將來高性能電腦的使用者可能必須面臨這種選擇。

電腦世界以個人電腦為主，分秒都在進化，最近備受注目的新動向，就是超並列電腦的登場。

以往，相當於電腦「頭腦」部分的是一個MPU（微處理器），但其運算處理能力方面也會有界限。超並列電腦是為了解決這個界限而想出來的電腦，由多個MPU分工合作發揮作用，進行有效的計算。

超級電腦是由很多個ECL（射極耦合邏輯，Emitter Coupled Logic）與邏輯元件來提高性能，而超並列電腦是使用大量的MPU一口氣完成工作。超級電腦是精銳部隊作戰，超並列電腦則是人海戰術。

要使用超級電腦還是超並列電腦？

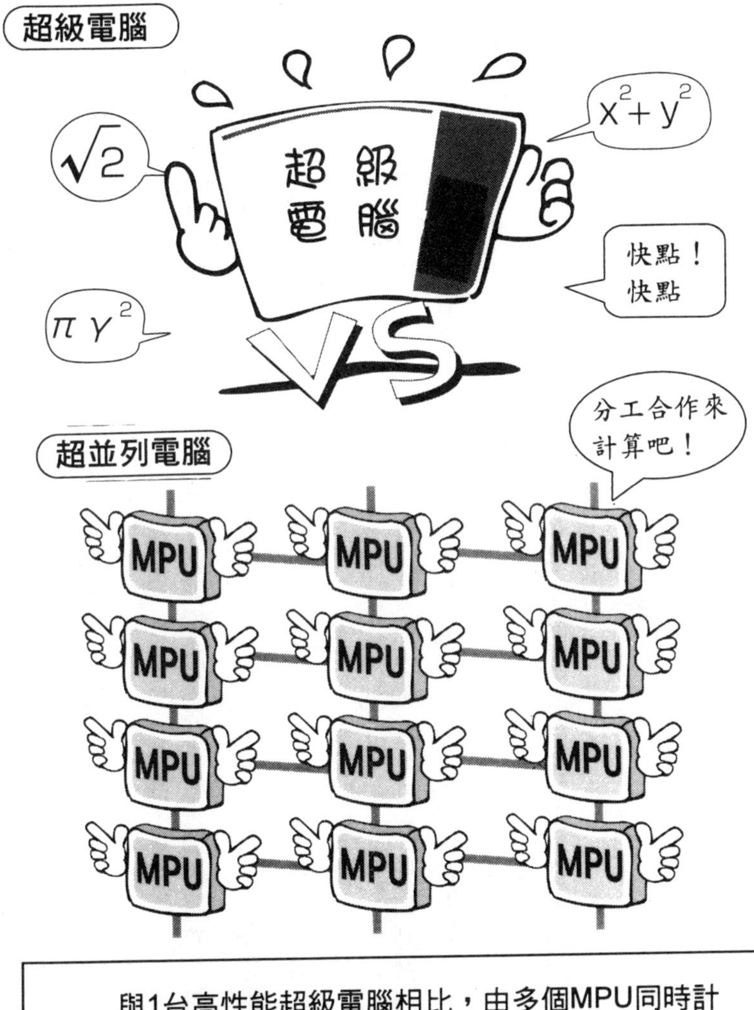

與1台高性能超級電腦相比，由多個MPU同時計算，速度會快得多。

超級電腦的缺點是ECL的耗電量較大、會發熱，可能會使零件燒壞，因此需要冷卻裝置，所佔空間較大。超並列電腦不需要冷卻裝置，比較小型。

◆三〇〇GB的FLOPS運算速度

筑波大學計算物理學研究中心在九六年四月開發出世界上最尖端的超並列電腦。這是將一〇二四個MPU以網眼的方式相連，使其各自運算，分擔任務。這個電腦運算的最高速度為FLOPS三〇〇GB，也就是每秒可以進行三千億次浮點程序數運算，具有世界最高級能力。

NEC（National Electrostatics Corporation）、富士通（Fujitsu）等電腦廠商已經開發出一兆FLOPS機器，但是，採用的是訂購生產方式，所以，不見得能夠成為商用機實際發揮作用。

在我們的日常生活中，沒有一定要使用電腦才能處理的問題，那麼，超並列電腦要使用在什麼地方呢？

◆最適合用來計算天文學數字

這種超並列電腦，最適合用來進行龐大科學技術的計算。例如，在宇宙混沌初期形成的「大風暴」（最近成為話題的金融風暴也是以此來命名的）現象，就可以利用這種

超並列電腦潛藏的可能性

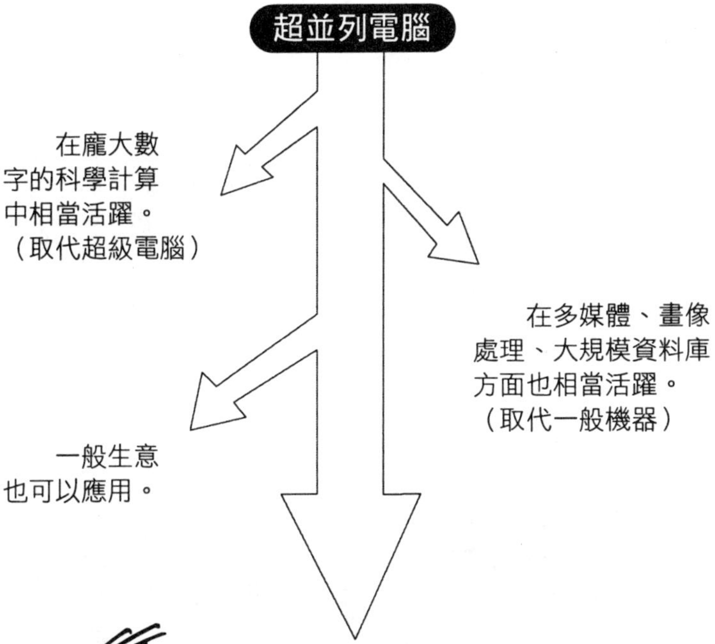
超並列電腦
在龐大數字的科學計算中相當活躍。（取代超級電腦）
在多媒體、畫像處理、大規模資料庫方面也相當活躍。（取代一般機器）
一般生意也可以應用。

?
導入超並列電腦的成本較高，因此有人想出將原先的幾個工作站連接起來的假想超並列電腦的方法！

電腦來加以解析。

它也可以用來求出物質最小單位素粒子的質量。

最近也應用在與資料庫相關的處理上。累積大量資料的資料庫要有效檢索，或是要找出與其他資訊的關聯，可以使用這種電腦來作業。

但是，要讓超電腦並列，需要極大的成本。美國能源部預定與IBM共同開發十兆FLOPS，也就是每秒可以進行十兆次加減乘除的超並列電腦。在這個計畫裡，IBM要連接八千多個最高速處理器。

要提高成本導入這種機器並不是容易的事。因此，有人想出像平行虛擬機一樣，利用通信回路連接多個設置完成的工作站（WS），建立假想的超並列電腦。

8 生物感應器的構造為何？

利用只能與特定物質反應的酵素機能的化學感應器。例如檢測魚鮮度的感應器或用來診斷糖尿病的葡萄糖感應器

◆利用酵素的分子識別機能

因為洗劑廣告標榜「酵素力量」，因此，「酵素」這個名詞已經融入我們的生活中

生物感應器的構造

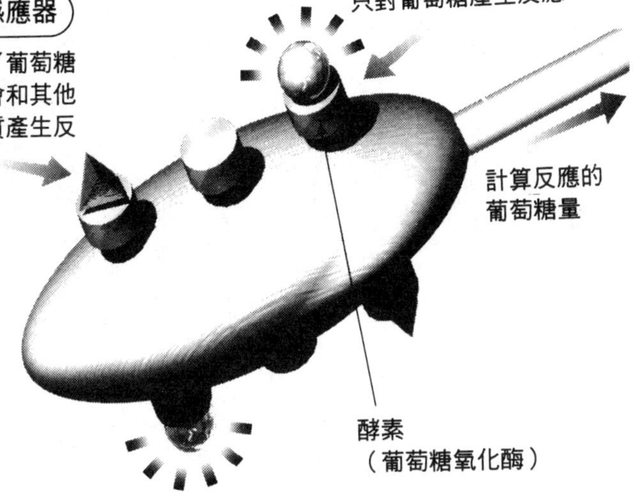
葡萄糖感應器
除了葡萄糖外，不會和其他化學物質產生反應。
只對葡萄糖產生反應

了。使用酵素來分辨各種化學物質的就是「生物感應器」。

酵素到底具有什麼作用呢？

我們的身體中有二千多種酵素，大家最熟悉的就是消化酶。消化酶中的澱粉酶可以將澱粉分解為葡萄糖，胃蛋白酶可以將蛋白質分解為氨基酸。

這些化學反應通常在高溫之下才會產生，但是，酵素則有不需要高溫就能產生化學反應的觸媒作用。

重點在於每一種酵素要只能當做一種觸媒，必須和特定物質產生化學反應。生物感應器就是利用這種酵素特有的「分子識別機能」的感應器。

生物技術這種以生物、生物體為對象

的技術，最近已經融合電子工學，進行生物工學的研發，應用在人類神經回路構造上的「神經元電腦」或生物晶片研究，都是很好的例子。化學感應器方面則是生物感應器。

◆連測定魚鮮度的感應器也登場了

利用酵素的感應器之一，就是診斷糖尿病用的葡萄糖感應器。

罹患糖尿病後，血中葡萄糖濃度會升高。而與葡萄糖產生反應的酵素是葡萄糖氧化酶。這種酵素具有使葡萄糖氧化的性質，因此，使用葡萄糖感應器測定被氧化的葡萄糖量，就可以知道血中葡萄糖濃度。

此外，也試作測定魚鮮度的感應器。魚死後，魚肉中的ＡＴＰ（三磷酸腺苷）化學物質會在ＡＤＰ→ＡＭＰ→肌苷酸→肌苷→次黃嘌呤→尿酸的過程中被分解。

利用生物感應器分別測定這些化學物質，調查ＡＴＰ與其他化學物質的比值，就可以算出新鮮度。

生物感應器除了利用酵素外，也有利用微生物或抗原、抗體的感應器。例如，測定河川的水或工廠排水被有機物污染到何種程度的ＢＯＤ（生化需氧量，Biochemical Oxygen Demand）感應器，已經成為微生物感應器之一了。

PART2

通信＆網路技術的世界

支持下一代多媒體社會的技術構造

◎何謂網際網路？
◎內部網路與網際網路有何不同？
◎待在家裡就能夠上班嗎？SOHO族
◎使用電子錢而不需要紙鈔的日子終將到來嗎？
◎掌握安全網路社會關鍵的加密技術
◎網路電腦能夠普及嗎？
◎目標600MB／秒的高速・大容量化的ISDN
◎OCN的出現會驅逐供應者嗎？
◎多媒體不可或缺的影像壓縮技術
◎何謂播放的數位化？
◎在沙漠中也可以使用的衛星行動電話
◎有了電子出版就不再需要報紙和出版品了嗎？

地球規模的網路社會到來

網際網路是超越國界、連結世界的劃時代網路。用電話線連接電腦，包括影像、聲音、文字，或電腦遊戲、電腦程式都可以出現在螢幕上，這就是網際網路。只要在可以連線的地方，就能夠從世界各地的電腦叫出各種資訊。

用電話線連接電腦，不需要走出房間，就能接觸到世界資訊，與許多人通信，甚至購物。

以地球規模進行的資訊通信革命的原動力，就是以「WINDOWS 95」為象徵的個人電腦飛躍普及。由於半導體技術的進步，電腦已經不只是用來處理資料而已，也能夠輸入電視的影像顯示功能，同時也具備電話所具有的聲音雙向通信功能。

WINDOWS 95只要用手邊的滑鼠就能夠操作各種功能，對個人電腦的普及有很大的貢獻。由於出現新型的通信方式，因此，在稱為電腦空間的網路上創造出了新社會，雖然在家裡，但是可以使用網際網路到「電子商店街」購物，用「電子錢」支付現金，進行電子購物。

此外，現在也出現使用網際網路、價格便宜的國際電話服務。繼透過網際網路配信

●資訊通信領域的未來技術預測

2003	◎在世界各地都可以使用筆記型電腦進行多媒體通信的系統實用化。 ◎安全性較高、即時性較高的資訊可以傳送的新一代網際網路實用化，而且可以進行電話服務或動畫播放。
2004	◎繞行低軌道衛星通信系統實用化，汽車、船舶、飛機移動無線系統或個人無線終端都可以利用。
2006	◎利用電子付款系統、電子現金系統的網路電子交易普及化。
2008	◎動畫資料開發出250分之1程度的資料量可以符號化的技術。
2009	◎使用地上波或衛星波的統合數位播放（標準電視、高精密度電視、聲音、資料動態組合的服務）普及化。

編輯部根據科學技術廳『第6次技術預測調查』資料製作

的廣播電台之後，提供電視節目的播放局也誕生了。不論電視或電台，都已經跨越國境，在全世界都看得到、聽得到了。

在資訊通信革命迅速進行當中，政府管理的廣播及通信構造當然發生很大的變化。在資訊通信方面，原本一直步美國後塵的日本，也放鬆了各種限制。

例如網路費用原本很高，最近則降低價格。利用NTT（日本電信電話公司，Nippon Telegraph & Telephone）的「OCN（開放式電腦網路，Open Computer Network）」或各地的CATV（有線電視，Cable Television），其網際網路的服務費用已大幅降低。

網路社會的到來，產生了新的服務，

也帶來新的商機，但是，網路犯罪以及侵犯隱私權等新的問題也出現了。

遭到駭客入侵破壞電腦資料的事件屢見不鮮，還有使用網際網路流傳色情圖片，或針對特定個人加以誹謗中傷的行為也發生了。

二十一世紀該如何架構健全的網路社會？資訊通信革命除了追求便利性之外，也賦予我們這方面的新課題。

1 何謂網際網路？

使用電腦的人為了能夠互相交談而利用TCP／IP技術，跨越世界一六〇多個國家的電腦網路

◆誕生世界規模的電腦網路

網際網路的源起，是由美國國防部主導，為了連接大學或軍事研究所的電腦，在一九六九年鋪設ARPA（先進研究計畫署，Advanced Resarch Projects Agency）網路。這些年來，迅速成為普及到全世界的網路。

網際網路並不是單一的網路，而是所有電腦網路的總稱，並沒有經營「網際網路」這種網路的團體或企業存在。個人電腦、企業的LAN（區域網路，Local Area Network

網際網路是「網路的網路」

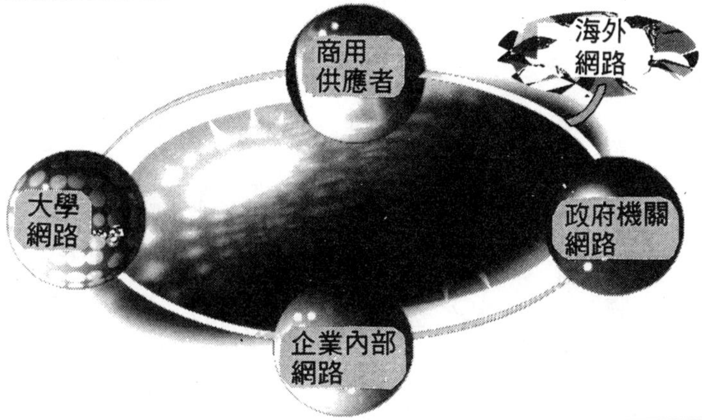

網際網路是由各種電腦網路連結起來的超級網路！

）或商用電腦通信等網路互相連結，總稱為網際網路。大家所說的「網路的網路」，就是這個意思。

由於電腦的普及，在家庭中使用網際網路的人增加了，現在它已經成為多媒體社會的主要存在。

網際網路的活用法最受人歡迎的是「電子郵件」和「WWW（全球資訊網，World Wide Web）」。只要連上網際網路，就可以和其他人互通電子郵件。

◆使用TCP／IP的網路

網際網路可以連結各種電腦。但是，如果電腦之間事先沒有做好任何約定就進行通信，則將不可能「交談」。

為了讓各種電腦都能夠互相交談，因此

要使用共通語言，也就是通訊協定（Protocol）。在網際網路上是使用「TCP／IP（傳輸控制協定，Transmission Control Protocol／網際網路協定，Internet Protocol）」方式。最近的個人電腦幾乎一開始就內建了TCP／IP軟體。

◆因為WWW瀏覽器的出現而迅速普及

WWW是大家所熟悉的「網頁」的名稱，它使得世界上的任何資訊都可以藉著文字、圖片而接觸到。只要用手操作，就可以瀏覽所有相關網頁，因此，網際網路的愛用者大大增加。

不論是誰都可以輕易的看到網頁，這是因為開發了WWW瀏覽器軟體的緣故。最早的瀏覽器是九三年伊利諾大學發表的「馬賽克」，現在的主流則是美國網景公司（Netscape Communication Corporation）的「Netscape Navigator（網景領航員）」以及美國微軟（Microsoft）的「Internet Explorer（網頁瀏覽器，簡稱IE）」。

在網際網路上，有無數組合文字、聲音、圖片的網頁，誕生了電腦空間。現在於這個電腦空間上設置假想的購物中心，新型商業模式也隨之誕生。

2 內部網路與網際網路有何不同？

利用TCP／IP與WWW可形成公司內網路。結合內部網路就成為外部網路

◆網際網路與內部網路的不同

最近經常聽到「內部網路」。內部網路（Intranet）和網際網路（Internet）的英文發音非常類似，但兩者截然不同。

「內部網路」的「內部」是利用網際網路的技術，只限定企業內特定人士可以使用的網路。

以往，企業內的資訊網路就是指LAN（區域網路）。使用LAN，每一個企業內部都要建立系統，所以需要較多的成本。

但是，導入網際網路技術的LAN，只要低成本就可以建立企業內部通信或與客戶之間的通信。

◆利用TCP／IP與WWW的公司內部網路

網際網路技術最具體的就是TCP／IP與WWW。

以往公司內的網路（ＬＡＮ），各企業建構的形態不盡相同。其功能、操作方式與通信方式，則因各網路架構的不同而有不同。

最近因為網際網路的普及，在外出地點與公司網路交換資訊的機會也增加了。所以，如果公司內部網路的通信方式與網際網路不同，就會造成不便。

因此，有了在公司內網路加上網際網路構造的想法，在公司內部網路使用網際網路的通信方式ＴＣＰ／ＩＰ。

由於使用ＴＣＰ／ＩＰ，各ＬＡＮ之間的資料存取都能順利進行，同時也可以擴展使用網際網路。

另一種網際網路的技術是ＷＷＷ。使用ＷＷＷ技術，就可以使用與網際網路同樣廉價的瀏覽器軟體，只要簡單操作，就可以存取從文字到圖片的各種資訊，同時就好像瀏覽網頁的感覺似的，也能夠檢索公司內的資訊。

此外，因為ＷＷＷ是網際網路技術，所以也可以連接網際網路，以公司的網頁進行宣傳。

換言之，使用ＴＣＰ／ＩＰ與ＷＷＷ，就能夠以低成本有效的建立公司內網路。

公司有不能外洩的企業秘密，為了保護秘密，可以利用防火牆來建立安全架構。這

內部網路的構造

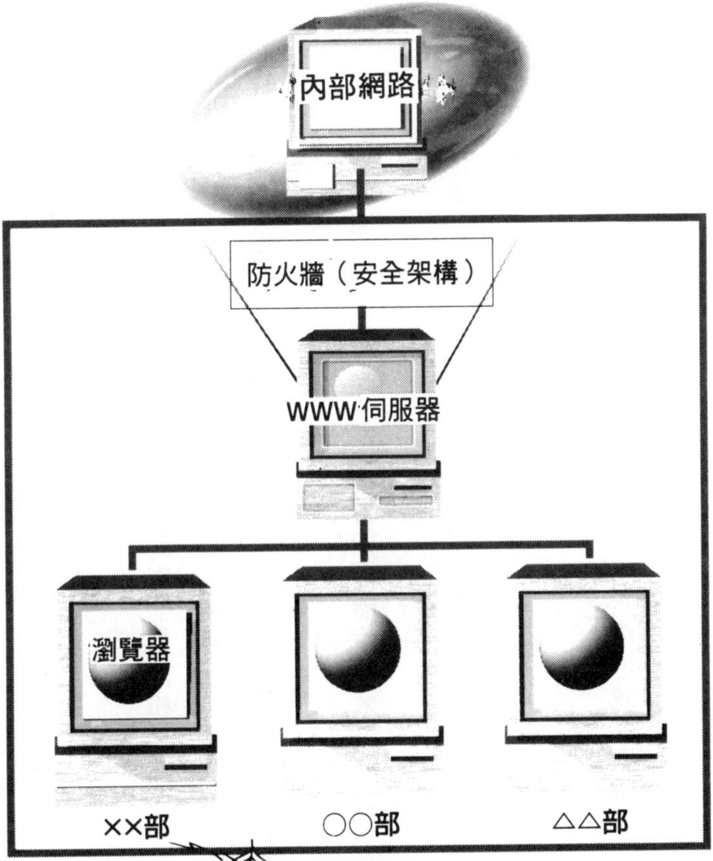

就好像一般家庭在屋外加蓋一道圍牆，而且有二十四小時的警衛，不讓第三者侵入。

◆資訊的共有更為迅速簡便

那麼，應該如何利用內部網路呢？

基本上，可以直接使用像網際網路一樣的電子郵件和WWW。

同事之間可以使用電子郵件、網頁，在顧客資料、訂購狀況、庫存狀況等方面，不必麻煩的去查核發票、文件，就可以立即確認。這麼做不僅可以讓資訊迅速化，同時也有去紙張化的優點。

此外，員工個人所得到的各種工作技巧如果儲存下來，為公司內眾人所共有，那就是公司珍貴的財產。

從成本的角度來看，各地分公司與總公司的聯繫，藉著網際網路的介入，能夠以接近市內費用的金額，用電子郵件傳遞資訊。海外分公司也是如此。這樣一來，將可以大幅減少通信費用。

最近內部網路所使用的包裝商品已經上市，能夠更簡單的利用內部網路。

◆外部網路是內部網路發展版

隨著內部網路的發展，現在出現了「外部網路」。

外部網路的構造

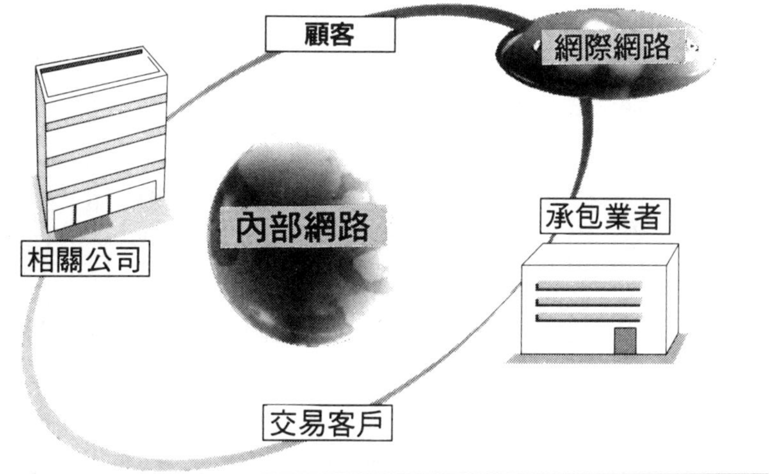

外部網路是將內部網路擴大到企業間的戰略網路

內部網路是企業內封閉的網路，無法與公司外的客戶連接。

外部網路則可以和公司外的特定企業連接，發給對方各別密碼，就可以看到雙方交易所需的資訊網頁。

換言之，在顧客、相關公司、子公司之間，資訊可以共有。顧客的庫存狀況、顧客的最新資料等，都能迅速輕易取得。這樣可以形成一個團體，擬定綜合戰略。

網際網路的尖端技術現在又有了新的變化。

3 待在家裡就能夠上班嗎？SOHO族

只要利用網際網路和資訊機器，不必到公司就可以上班的事業形態形成了。虛擬企業誕生，組織也產生變化……

◆SOHO族逃離通勤地獄

一般上班族每天要耗費許多精力在通勤上。如果不必到公司而在家裡就可以上班，那該有多好。相信很多人都曾經有過這種夢想。由於網際網路的普及，以及個人電腦等終端機功能的提升，已經可以實現這個夢想。這就是現在成為話題的ＳＯＨＯ（居家辦公，Small Office Home Office）或電話行銷的想法。

例如，坐辦公桌的職員可以在家裡（或附近的辦公室）使用電腦，業務員可以在外出時利用ＰＤＡ透過網際網路傳輸業務所需資訊，不必特地到公司去上班。

只要善用網際網路和數位機器，在家裡也可以成立豪華辦公室。對企業而言，這樣做可以節省辦公室的空間，的確是極具魅力的事情。

◆虛擬公司也登場了

最近利用網際網路成立的虛擬公司普及。

SOHO的優點

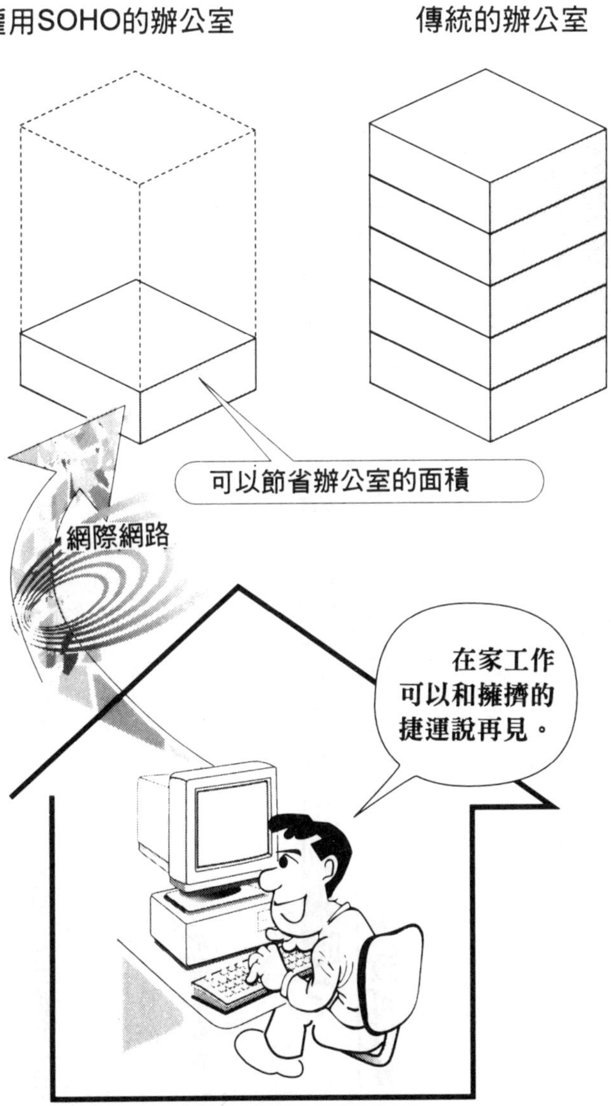
雇用SOHO的辦公室
傳統的辦公室
可以節省辦公室的面積
網際網路
在家工作
可以和擁擠的
捷運說再見。

虛擬（Virtual）是假想的意思。虛擬公司是利用距離較遠的多個企業、工廠或商店等，藉著網際網路取得聯繫，宛如一個組織般展現活動，是網路上的假想企業。

虛擬公司的成員使用網際網路傳送電子郵件、視訊會議，不必到公司上班就可以交換資訊。

在美國，以SOHO方式在家上班的人急增，就是因為有虛擬公司存在的緣故。現在國內也出現虛擬公司。隨著電腦空間的發展，今後這類企業形態、工作形態的存在也許會被認為理所當然。

4 使用電子錢而不需要紙鈔的日子終將到來嗎？

由於電子商務的普及，在網路上交易的電子錢備受注目，大致可以分為網路型和錢包型

◆電子商務的普及

薪水匯入銀行，也許有的人會若有所失，覺得還是拿到紙鈔才能夠慰勞自己工作的辛苦。這些人如果使用電子錢，恐怕也會覺得若有所失吧！

由於各種信用卡的普及，不需要現金的時代已經來臨，再加上網際網路的滲透，更

電子商務的構造

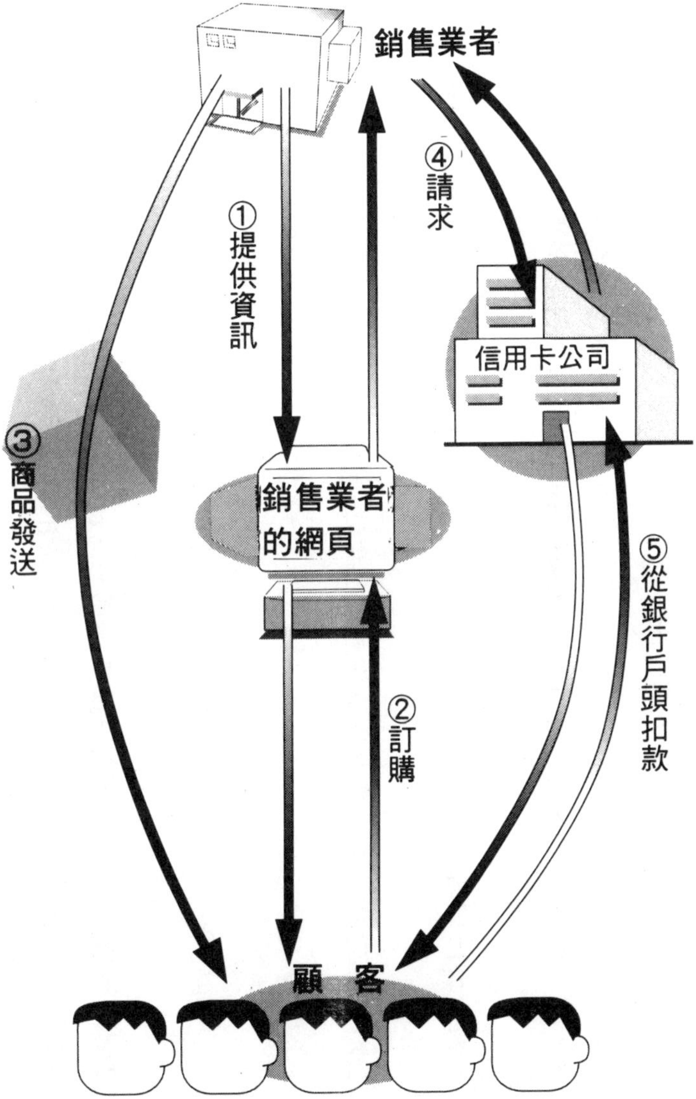

加速這種情況的進行。

使用網際網路買賣車票、預約旅行，已經是理所當然的事情。在網路上的網頁建立虛擬店鋪，所有的圖片、目錄刊載在網頁上，消費者以電子郵件訂購，這樣的生意模式不斷擴大。

這種藉著網路進行交易的方式，就稱為電子商務（Electronic Commerce）。

◆可以在網路上支付的電子錢

電子商務的麻煩之處是貨款的支付方式。

顧客付錢給業者，現在經常採用透過網路告知信用卡卡號的方法，由信用卡公司從顧客的銀行存款中扣除這筆金額。

但是，這是沒有安全保障的危險行為。一旦資料被盜用時，會對當事人造成極大的損害。

此外，這個方法必須是銀行從戶頭扣除該筆款項，整個手續才告完成。因此，在一個月後，可能要支付一大筆帳單金額。

於是，開始研究在購買的同時就可以付款的「電子錢」。電子錢與流通的紙幣、硬幣具有同樣的功能，不需要透過銀行，而是個人之間在網路直接進行金錢的交易。

電子錢的種類

網路型

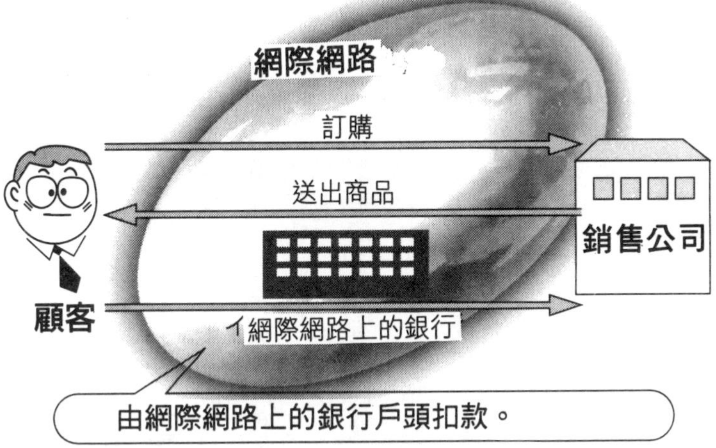

錢包型

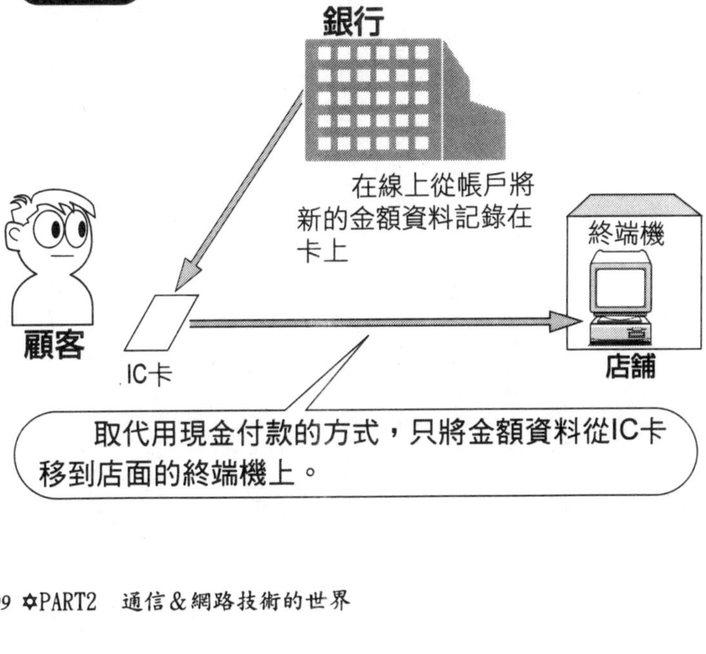

◆網路型與錢包型

電子錢大致可以分為在網路上由帳戶扣除金額來購物（網路型）的方式，或透過交易資料記錄在ＩＣ卡上，在店面代替現金使用的方法（錢包型）。

已經實用化的網路型電子錢，包括荷蘭的DIGICASH公司所開發的「e　CASH」等。也就是使用者要在網際網路上開設的銀行開立戶頭，以該戶頭付款。

但是，網路型能夠保障安全到什麼程度呢？有沒有可能被人惡意用來洗錢呢？這都是令人擔心的問題。

另一方面，錢包型是用ＩＣ卡取代錢包的方法，和電話卡等使用磁氣記錄資料的卡不同。ＩＣ卡是在輸入卡中的ＩＣ（積體電路）記憶體中記錄交易資料。購物時將ＩＣ卡放入設置在店面的終端機，帳款部分的交易資料會從卡片送到終端機。如果使用者的交易資料中餘額為零，則銀行的終端機可以將所需要的金額交易資料傳送到ＩＣ卡上。

一般錢包裡放的是紙鈔或硬幣，ＩＣ卡則只要輸入支出金額的資料即可，是根本無須用到零錢的夢幻錢包。

錢包型包括VISA INTERNATIONAL（威士國際組織）的「VISA CASH」等。以日本為例除了信用卡公司、銀行外，還募集了百貨店、專門店等二千多家店。光是在東京、澀谷周邊的繁華街，就發行了十萬多張ＩＣ卡，正在進行號稱世界最大規模的實用實驗計畫。

5 掌握安全網路社會關鍵的加密技術

讓第三者難以得到在網路上往來的電子錢金錢資料、信用卡加密編號等資料的技術

◆網路時代不可或缺的技術

關於密碼技術，身邊的例子就是我們收看的衛星播放節目。為了讓未付費的人不能收看衛星節目，因此對電波使用密碼，由安裝在收訊機的解碼器負責解開密碼。

在網際網路進行電子商務時，電子錢的金錢資料或信用卡的加密編號會往來於網路上，為了使電子商務正式化，不讓第三者盜取這些資料，加密技術是不可或缺的。

資料加密所使用的一定規則，稱為「金鑰」。如果沒有打開密碼鎖的鑰匙，則密碼化的東西就無法變為原先的資料。將資料密碼化，則就算駭客入侵，只要解不開鎖，就無法盜取資料。

現在的加密技術有「公開金鑰加密方式」與「私人金鑰加密方式」，這兩種方式已經實用化，不過主流仍然是公開金鑰加密方式。

私人金鑰加密方式也稱為共通金鑰方式，收送加密文件的雙方，各自擁有同一把鑰匙。就好像文件放在秘密金庫一樣，兩人必須使用相同的鑰匙才能取出文件。

使用這個方法時，如果鑰匙被偷走或另外配一把備用鑰匙，密碼就會被輕易解開。

例如某人偷了A的鑰匙，以A的名義訂購商品。接受訂貨的公司認為訂貨者是A，於是送出商品，同時也向A請款，這時就會造成A的困擾

因此，另外想出公開金鑰加密方式。

◆組合二把鑰匙才能解密的公開金鑰加密方式

公開金鑰加密方式是加密與解碼的鑰匙各不相同。

A自己用一把「秘密鑰匙」，同時準備另一把與秘密鑰匙對應的「公開金鑰」，任何人都可以使用公開鑰匙。

此外，A也可以利用秘密鑰匙將想要傳送的資訊加密。接到加密資訊的B，可以用A的公開金鑰解密。

重點在於「用公開金鑰解開的東西，只有A所擁有的秘密鑰匙可以將其密碼化」。

換言之，無法用公開金鑰解開的密碼，就不是來自A的文件，而接到加密文件的B用A

私人金鑰加密方式的構造

A先生

B小姐

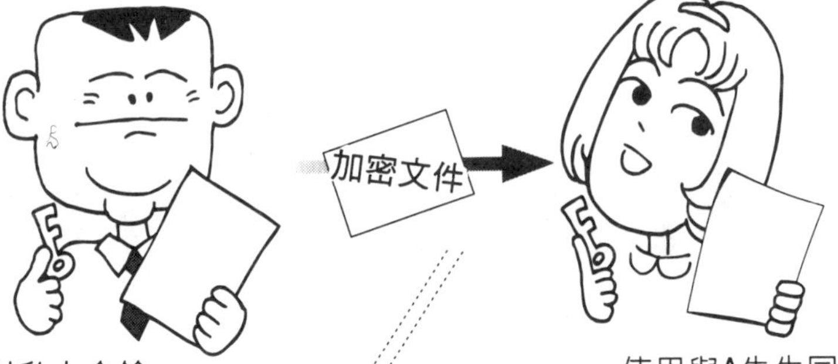

以私人金鑰
加密

使用與A先生同
樣的私人金鑰解碼。

鑰匙有可能被偷，也有可能另外配一副備用鑰匙，因此被偷走解碼的可能性依然存在……

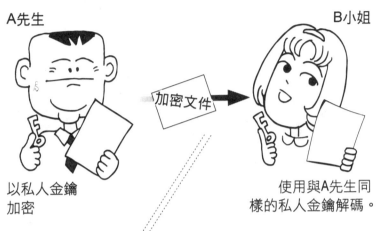

的公開金鑰解碼如果沒錯，就表示是來自A的文件。

但是，不管是誰都可以用公開金鑰解開A的密碼，那麼，A傳送的文件就會被第三者看到。這時，B所具有的秘密鑰匙和公開金鑰就要一併使用。

首先，A用自己的秘密鑰匙將文件加密，然後再用B的公開金鑰將其加密。接到加密文件的B要先用自己的秘密鑰匙解碼，然後再用A的公開金鑰解碼。這個方法可以確認是否為來自A的文件，而且除了B以外，第三者不會有B的秘密鑰匙，所以，當然無法盜取內容。

在加密技術開發研究上，NTT等日本勢力不遺餘力，不過居世界領先地位的還是美國。電子商務所使用的公開金鑰加密方式，是美國加洲的創投企業RSA Security的技術，已經達到業界標準。日本大型城市銀行也導入RSA方式，以便藉著網際網路進行電子銀行服務。

即使新的加密技術誕生，但是，想盡辦法要解碼的也大有人在，因此，要提高安全性才行。加密開發技術的競爭和駭客之間的戰爭今後還會持續下去。

公開金鑰加密方式的構造

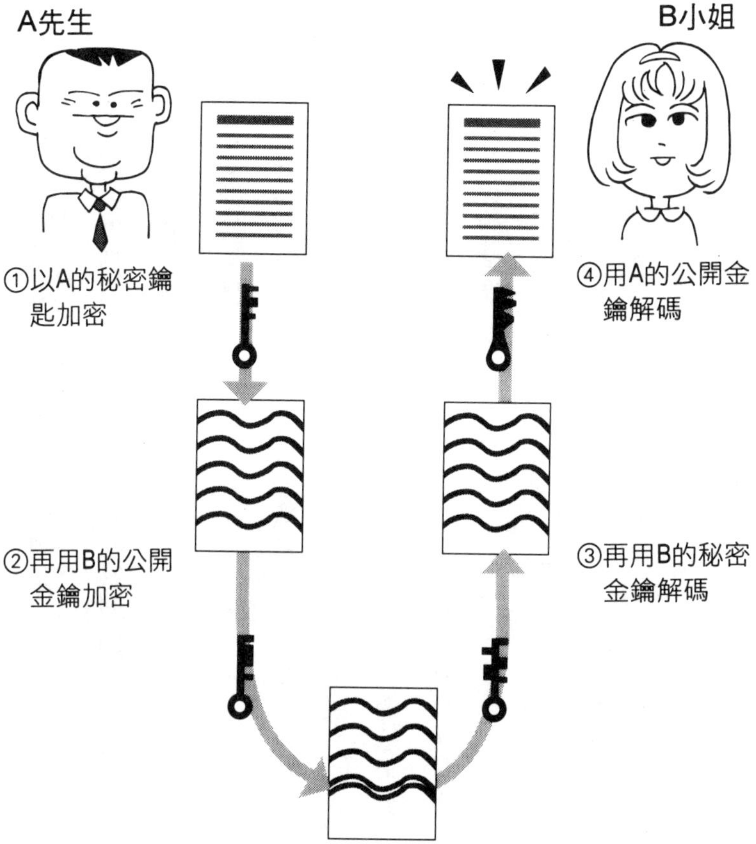

秘密鑰匙和公開鑰匙搭配組合使用，不會被第3者偷窺，並且可以確認是否為來自對方的文件。

6 網路電腦能夠普及嗎？

美國歐克爾公司提倡網路型的簡易型個人電腦，每次都可以透過網路傳送必要的軟體

◆電腦世界也有臨時雇員嗎？

最近的企業社會認為，與其擁有很多職員，不如在必要時期雇用必要的人才，才是合理的做法。這也就是所謂的臨時雇員。在電腦世界也發生同樣的情況。

現在已經視為家電之一的電腦，隨著高機能化，裝備越來越多。但遺憾的是，並不像電視廣告所描述般的可以簡單使用。因此，現在正在研發只擁有最低機能、必要時可以從遠端叫出軟體的輕裝備電腦。

這就是成為話題的網路電腦（Network Computer，簡稱ＮＣ）。

ＮＣ機能連接網際網路的簡易型電腦，與以往的電腦相比，價格大幅下降。這是美國軟體公司歐克爾提出的。該公司董事長拉里•艾里森在九五年發表ＮＣ的構想，價格為五百美元，因此也稱為「五百美元電腦」。

◆必要的軟體都可以從網路取得

網路電腦（NC）的構造

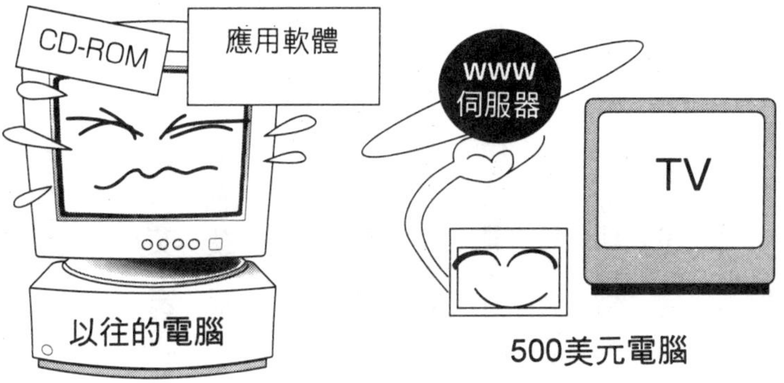

只要從WWW伺服器叫出必要的軟體即可，因此只要具備最低限度的功能就可以了。

以前的電腦因OS（作業系統）的不同而有機能上的限制。同時，軟體和資料也要保存在軟碟或硬碟等記憶媒體中。

NC在終端機方面沒有軟體，而是經過網路，從伺服器取得必要或需要的軟體或資料來使用。只要選擇連接在電視上的項目，就可以輕易操作，根本不需要硬碟，是袖珍型，所以可以降低成本。

例如，需要把電腦當成文字處理機使用時，只要從伺服器叫出文字處理機軟體來使用。如果要進行試算表計算時，就要叫出試算表軟體。不必像以前的軟體，每次要升級時，都必須重新購買。

NC能夠辦到這一點，主要是因為利用網路用程式語言JAVA（爪哇）。

網路專用的電腦終端機ＮＣ，由Oracle（甲骨文）公司供應專用ＯＳ，美國ＩＢＭ、美國Sunmicrosystems（昇陽）公司販賣硬體。日本方面，家電廠商也開始致力於終端機的開發。

歐克爾的董事長艾里森認為，「這種設計的銷售量將會超過個人電腦，在全世界銷售一億台」。不習慣使用個人電腦的人漸增，這正是ＮＣ等簡易電腦出現的動力。

7 目標六〇〇ＭＢ／秒的高速・大容量化的ＩＳＤＮ

只靠一條線路即可傳輸電話、ＦＡＸ、資料通信、影像通信等的綜合數位通信網。高速、大容量的Ｂ—ＩＳＤＮ已經進入實用階段

◆ＩＳＤＮ實現通信卡拉ＯＫ

相信很多人都體驗過通信卡拉ＯＫ。通信卡拉ＯＫ的構造是不需要雷射光碟、個人電腦或磁碟片，只要使用電話線路就可以從業者的伺服器取得資料。

實現通信卡拉ＯＫ，需要高速傳輸資料的線路。從點播到曲子開始播放，如果花的時間太長，客人可能都回家了。高速通信線路出現之後，已經可以做到這種服務。

日本街角有一種灰色的公共電話，這種電話當然也是用來打電話的，但是只要連接筆記型電腦，就能以高速方式傳輸文件或影像資料。

這些事情之所以能夠辦到，是因為有了ＩＳＤＮ（整體服務數位網路，Integrated Services Digital Network）的緣故。

◆從類比線路變成數位線路

ＩＳＤＮ是八〇年制定的國際規格，日本ＮＴＴ在八八年以「ＩＮＳ ＮＥＴ」之名最早進行這項商業服務。

以往的電話線路是使用銅線纜線，藉著類比信號傳送聲音、影像等資料。ＩＳＤＮ則以光纜線利用數位信號傳送資料。ＮＴＴ的服務有「ＩＮＳ ＮＥＴ六四」與「ＩＮＳ ＮＥＴ一五〇〇」兩種。

一般家庭大多使用「ＩＮＳ ＮＥＴ六四」。這項服務是使用二條六四ｋｂ／秒的通信用頻道，及一條一六ｋｂ／秒的控制頻道。利用ＩＳＤＮ需要ＴＡ（終端配接器，Terminal Adapter）及ＤＳＵ（數位數據機，Data Service Unit）。ＴＡ可以變換類比信號與數位信號，ＤＳＵ則是通往ＩＳＤＮ線路的窗口，進行數位通信必要的操作。

◆利用數位化可以進行高速、大容量的資料通信

數位化的優點是什麼呢？

從類比線路到數位線路

類比線路

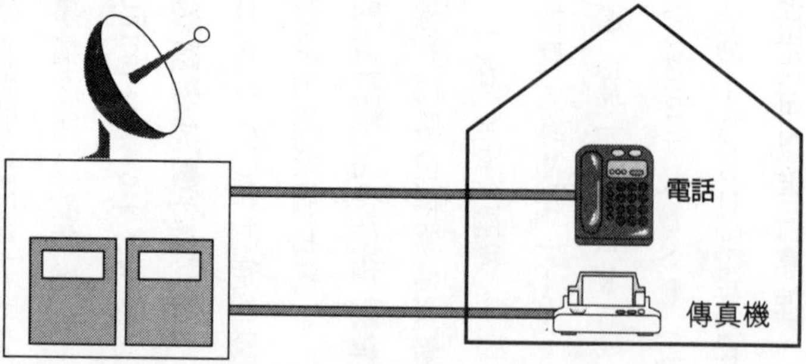

使用多個終端機時，每個終端機都需要1條線路

INS NET

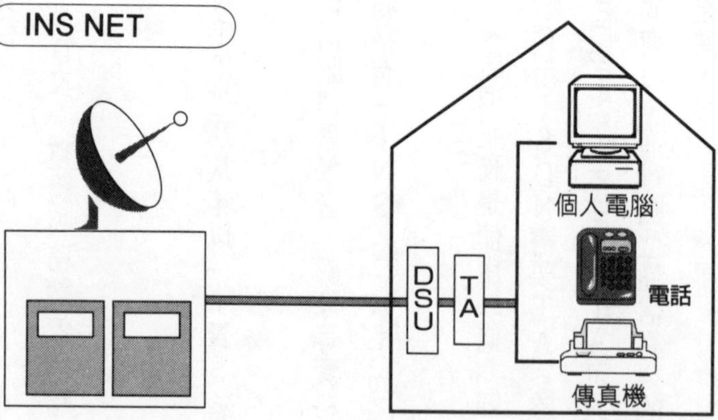

用1條線路連接多個終端機，可以同時使用2個終端機（以INS64為例）。

數位信號和類比信號相比，資料傳送速度快得多。

因為信號性質不同，數化信號傳輸資料的速度是類比信號的二倍。類比信號具有一定幅度的波，數位信號則由「1」與「0」組合，非常簡單。假設以聲音來表示，就是「嗶」與「嗶、嗶」的不同。

如果是數位，還可以壓縮資料，在同樣的時間內可以比類比方式傳輸更多的資料。

因為數位化有這樣的優點，所以，使用ＩＳＤＮ可以享受舒適的通信。

例如，以往一條電話線路，在打電話時不能當傳真機使用，用數據機上網時，會一直處於通話中，電話打不進來。為了解決這個問題，必須各自使用不同的電話線路。

但是，如果是ＩＳＤＮ線路，則只要一條線路就可以連接電話、傳真機、電腦等多個終端機，可以同時進行二種通信方式。

ＩＳＤＮ連接在網際網路上時，更能夠發揮威力。以往的類比線路要藉著調解器（modem）這種變換機，將電腦的數位信號轉換為類比信號來傳送資料，因此通信時間較長。ＩＳＤＮ可以縮短讀取資料的時間，通話費變得較便宜，深受上網人士的喜愛。

◆高速、大容量的B－ISDN

現在多媒體社會的通信設備則使用B（寬頻，Broadband）－ＩＳＤＮ，而且已經

B-ISDN的威力如何？

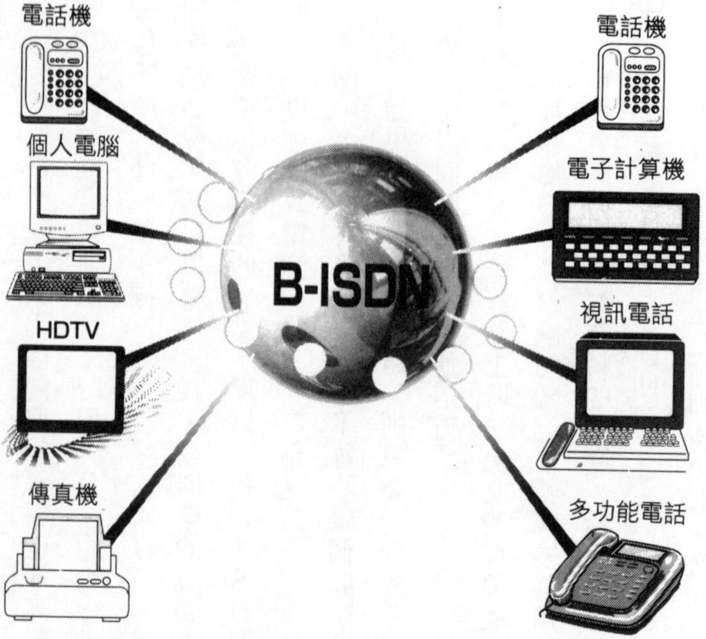

如果使用B-ISDN，則從電話到視訊等多種媒體皆可同時傳輸。

進入實用階段。B－ISDN號稱通信速度最高可達六〇〇mb／秒，相當於INS NET一五〇〇通信速度的四百倍。從電話等低速資料到視訊等高品質的動態影像，可以同時傳送多種媒體。

若要實現B－ISDN，每個家庭需要安裝光纖和ATM（非同步傳輸模式，Asynchronous Transfer Mode）交換機。

九七年時，日本政府擬定在二〇一〇年要做到全國光纖化。B－ISDN的需要提高，因此，該計畫實現的日子提早到來。

8 OCN的出現會趕走供應者嗎？

適合NTT網際網路的電腦通信服務。只要降低費用就可以連接專用線或撥號盤

◆OCN出現的背景

NTT的新型服務深受經常上網人士的好評。這項稱為OCN（開放式電腦網路，Open Computer Network）的服務到底是什麼樣的服務呢？

如果要上網，通常要和稱為供應者的線路連接服務業者簽定契約。這個連接費用比歐美高，使用者深表不滿。

從九六年十二月開始大幅降低OCN這個連接費用，以網際網路為主進行電腦通信服務。簡單的說，就是NTT的供應者服務。

OCN的O是open，有幾個意思。第一個是OCN能夠往來於網際網路之間。第二個是即使電腦種類不同，只要連接OCN，網路之間就能夠通信。第三個意思是，也可以開放成為其他通信業者的支援（基礎）網路。

◆使用路由器代替交換機的網路

ＯＣＮ和以往的電話服務有什麼不同呢？

以往的電話服務要透過交換機，首先要確保傳送者和接受者的線路，才能夠確實進行資訊交換。這種連接方式稱為「連接型」。

ＯＣＮ則是事先設定線路，事前不知道資訊會經由ＯＣＮ網路的哪個途徑到達彼方。這種連接方式稱為「非連接型」。

ＯＣＮ所有資料都採用小包（Packet）通信方式。所謂小包通信，指資料被分成多份像小包一樣，經由不同途徑傳送的通信方法。小包上事先寫好要發送的位址，因此，最後都會到達指定的目的地。能夠確認每個小包的目的地，同時選擇線路控制或線路的就是路由器（Router）。就好像郵局的人根據收件地址來區分配送的區域一樣。

以確實性來說，連接型的電話服務當然比較好。但是，非連接型不需要價格昂貴的交換機，因此，費用比一般的電話線路便宜。

◆撥號連接型和常時連接型

ＯＣＮ的服務大致分為「撥號連接型」和「常時連接型」兩種。

撥號連接型是一般電話線路經由ＩＳＤＮ連接。費用為一定時間內的定額制（固定

以往的線路與OCN的不同

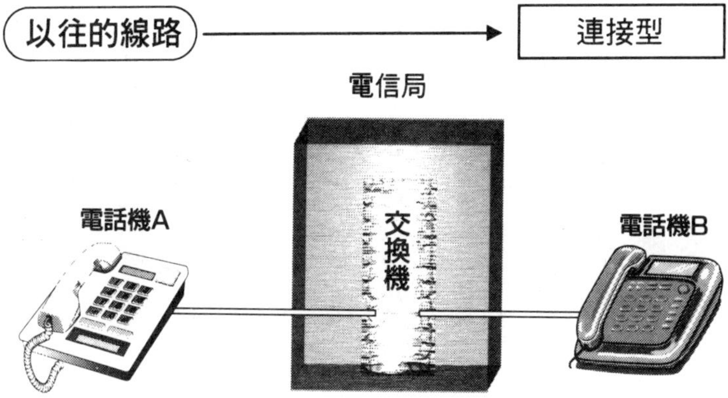

交換機會確保電話機A與B的線路

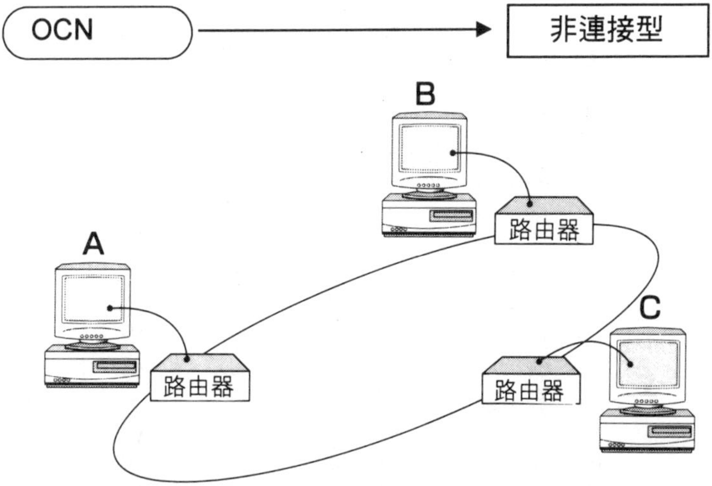

電腦 A、B、C 使用相同的線路，由路由器來進行線路的控制或線路的選擇。

制），超時使用的部分另外支付費用，為從量制。到達基地台為止的電話費用另外計算。

撥號連接型的優點，是在全國各地市區通話區域設置了基地台，所以，在全國任何地方到達基地台的通話費是以市內通話費率計算。因此，ＯＣＮ的出現，對於基地台較少地方的使用者來說，當然是好消息。

常時連接型則是一天二十四小時利用專用的數位線路連接網際網路，採用定額付費的服務方式。

如果是連接一般供應者的專用線，則要支付供應者專用線連接費，同時還必須另外支付通信業者專用線的使用費。ＯＣＮ則是將兩者併為一套，主要對象是企業或個人的大型使用者。

現在日本新電電各公司也開始進行同樣的服務，相信使用費還會再降低。不僅是費用，連服務區域、支援等方面也會互相競爭，這對網際網路的普及當然有好處。

但是，對供應者來說，使用者可能會被ＯＣＮ等奪走，的確會受到極大的影響。

小包通信的構造

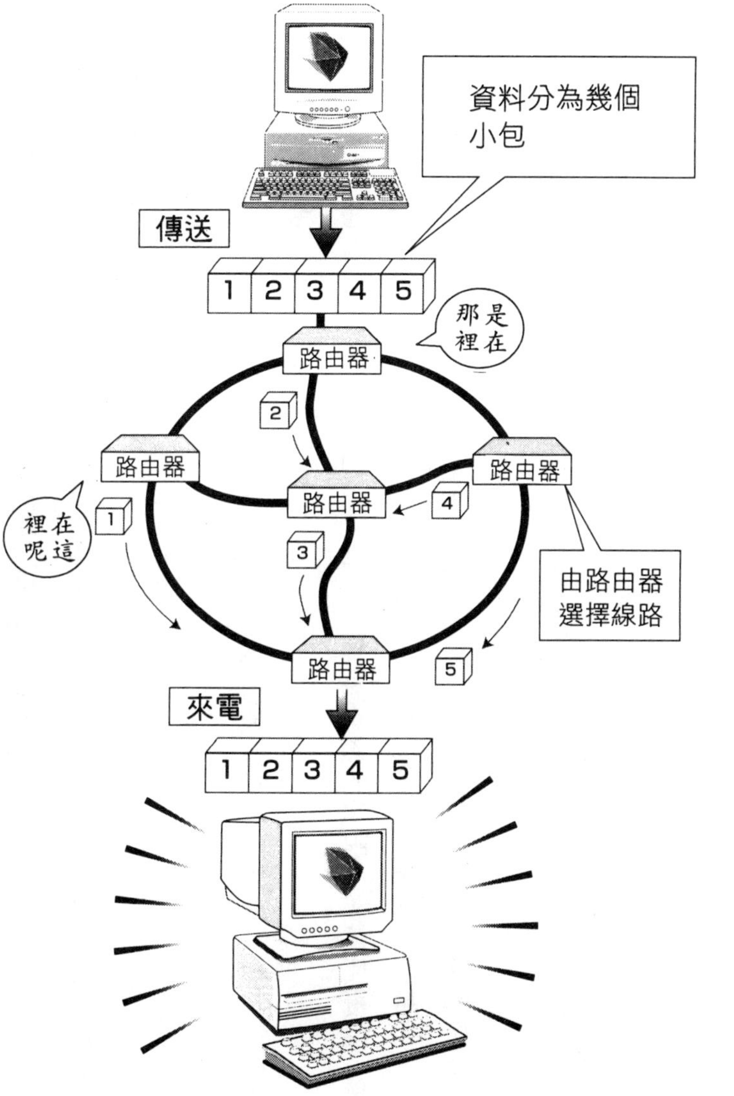

資料分為幾個小包
傳送
1 2 3 4 5
是在那裡
路由器
2
路由器
路由器
路由器
4
在這裡呢
1
3
由路由器選擇線路
路由器
5
來電
1 2 3 4 5

9 多媒體不可或缺的影像壓縮技術

將資料量龐大的影像資料小型化的技術。主要用在DVD、高畫質電視、衛星數位播放等

◆去除影像「冗長度」的壓縮技術

學生時代上課時，你是不是拚命的做筆記呢？最初可能會把老師的一字一句都抄下來，後來可能只抄重點。

當我們說話時，會有「嗯～」「那個～」等一些毫無意義的字眼，或是反覆說一樣的話。這些贅語部分就叫做「冗長度」。去除冗長度，就可以整理出簡短的要點。

冗長度不僅存在於我們的言語中，電腦等處理的影像資料也是如此。去除影像資料冗長度的技術，就是影像壓縮技術。

影像資料的大小是聲音的一千倍以上，如果要以通信方式直接傳送，就需要聲音資料傳送時間的一千倍。

就算通信速度很快，這種做法也沒有效率。因此，在影像資料裡能省則省的部分，就要以影像壓縮技術來處理。

影像壓縮的構造

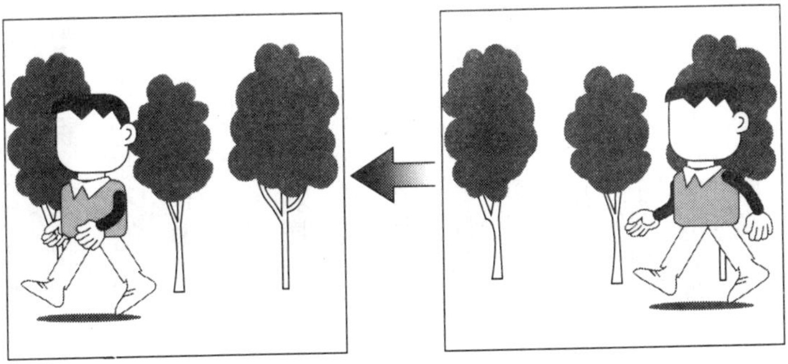

動的只有人，背景是不動的。

背景維持原狀，只處理在動的人的資料，就能夠減少資料量。

◆MPEG可以將二小時長的電影檔收錄在一張DVD裡

以動畫來說，影像的冗長度就是指背景等不動的部分。此外，人類視覺無法分辨的高精密度影像也是不必要的，如果能省去這些部分，就能使檔案大幅減少。

說起來簡單，但實際上處理起來卻十分繁瑣。像這種傳送影像資料或在儲存時壓縮資料進行記錄的影像壓縮技術，就稱為「MPEG（Motion Pictures Expert Group）」。

MPEG是由將影像等檔案較大的資料整理縮小的數位影像壓縮技術，以及將其恢復為原先狀態的伸長技術所構成。

文字、聲音、影像等大量數位資料可以利用DVD來記錄。在多媒體時代，這種備受注目的產品已經取代雷射光碟、錄影帶，成為新的影像記憶媒體。不過，與文字相比，影像檔案大很多，要將一部電影收錄在一張DVD裡，的確需要利用到MPEG技術。

MPEG是利用電腦或多媒體機器將資料存在手裡的記憶媒體，同時也可以利用通信網或網際網路短時間傳送。實際利用時，需要將影像等資料壓縮記錄的編碼器，以及將壓縮資料還原放映的解碼器。

將聲音或動畫影像等壓縮儲存在CD－ROM、硬碟等記憶媒體的MPEG技術稱為「MPEG1」，而在通信、或放映方面擴大壓縮技術的應用，為DVD、VOD、

MPEG的各種應用例子

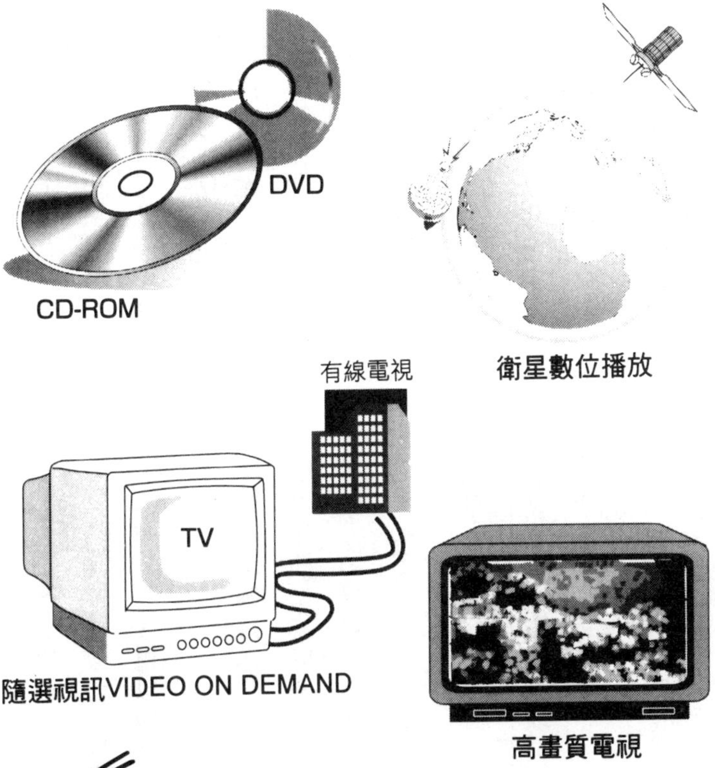

高畫質電視、衛星數位播放等所採用的則是「ＭＰＥＧ2」。

將電影等影像資料儲存在ＤＶＤ裡，如果不經過壓縮，則一張ＤＶＤ大概只能儲存十幾分鐘。如果使用ＭＰＥＧ2，則二小時的電影可以儲存在如手掌般大小的光碟裡放映出來。ＭＰＥＧ2的高密度記錄、放映技術，的確可以辦到這一點。

◆睥睨多媒體時代的MPEG4

壓縮後的資料量以五～十ＭＢ／秒的轉送比率傳送的ＭＰＥＧ2規格，已經成為基礎技術。數位播放或ＣＡＴＶ（有線電視）等所使用的編碼器、解碼器，以及相關半導體的開發競爭，在松下電器與ＳＯＮＹ等有力廠商之間展開了激烈戰。

現在，提高資料量的多媒體通信用的「ＭＰＥＧ4」，其標準化作業已經完成了。

10 何謂播放的數位化？

能夠使聲音、影像鮮明，同時也可以實現高資料量、網際網路服務。

繼ＣＳ之後，ＢＳ也要數位化

◆衛星播放有兩種

運用在地球上空遠處飄浮的播放衛星或通信衛星播放節目，就是衛星播放。從地上

衛星播放的構造

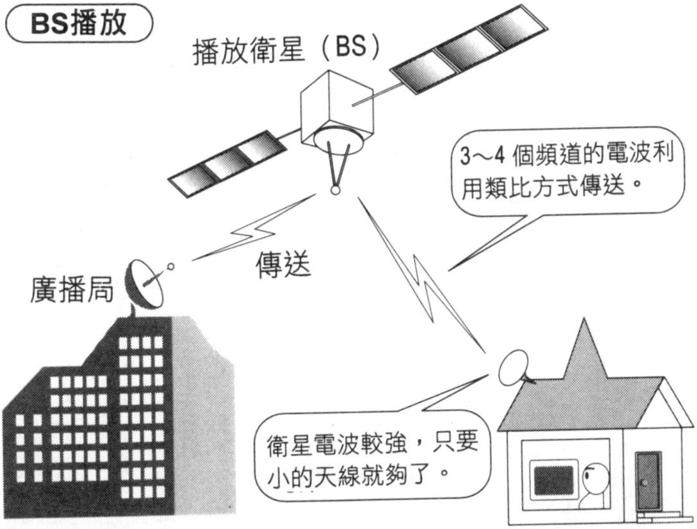
BS播放
播放衛星（BS）
3～4 個頻道的電波利用類比方式傳送。
傳送
廣播局
衛星電波較強，只要小的天線就夠了。

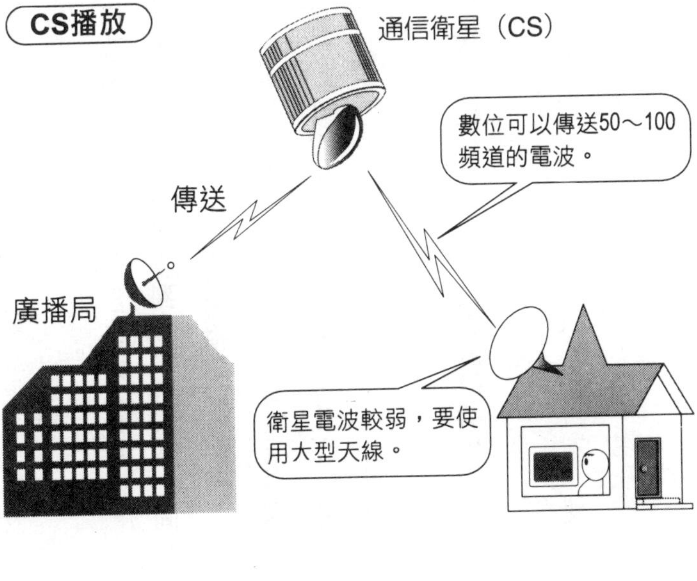
CS播放
通信衛星（CS）
數位可以傳送50～100頻道的電波。
傳送
廣播局
衛星電波較弱，要使用大型天線。

的廣播站將電波傳送到衛星，衛星接受電波後，利用傳送器增幅，再送到地上家庭的放映機。衛星播放包括BS播放和CS播放兩種。

BS播放是利用以播放為目的而發射升空的播放衛星（BS＝Broadcast Satellite）進行播放服務。這種方式可以解決以往大樓之間、山裡、離島很難收到電視塔電波的問題。以日本為例，目前是NHK衛星播放、WOWOW、視訊實用化試驗播放等會使用。

CS播放則是利用以通信為目的送入太空的通信衛星（CS＝Communication Satellite）的播放服務。像成為話題的「SKY PERFEC TV」以及「DIREC TV」都是CS播放。

◆衛星數位播放已經開始了

現在日本衛星播放的數位化相當進步。數位技術的急速進步以及世界數位播放的普及，促進郵政省衛星播放數位化速度的進步。

九四年美國開始的「DIREC TV」，是世界上首創的衛星數位播放。在日本，使用傳送器的數目或播放範圍自由的通信衛星（CS）的「PERFEC TV」（現在的SKY PERFEC TV），從九六年開始數位播放。

BS播放的數位化計畫正在進行中。二〇〇〇年送上太空的「BS4號」衛星，其

日本的衛星播放情況

赤道上的靜止衛星軌道

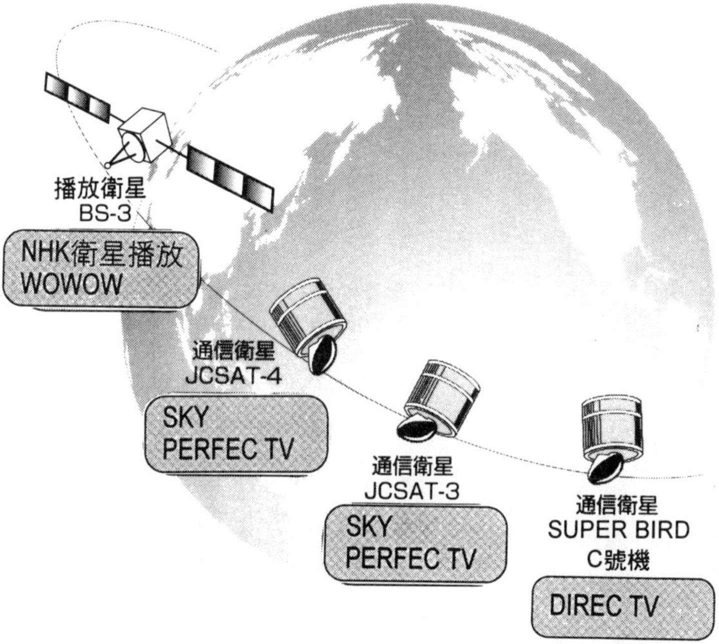

交換電波的傳送部分全都是利用數位技術。結果使得衛星播放數位化、多頻道化、國際化，日本的新衛星播放時代已經到來。衛星網際網路服務等以太空世界為舞台的商業誕生了。

◆利用數位化實現鮮明影像與多頻道的夢想

各國的衛星播放都將重點置於頻率和傳送器的數目上，日本的傳送器有八條。現在使用「BS3號」四條的NHK衛星播放、WOWOW、視訊實用化試驗播放，都是類比播放。

BS4號傳送器的比率與以往相同，也是八條，但已更換為數位播放。

採用類比方式時，一條傳送器只能傳送一個頻道。而如果採用數位方式，分割頻率來使用，則可以得到二～八個頻道。

數位資料可以壓縮。原本播放時間為一秒就要花一秒來傳送，一個電波只能傳送一個頻道。但是，將一秒的資料壓縮成一半，用二分之一秒的時間可以傳完，則一秒就可以傳送二個頻道。如果壓縮成八分之一，就可以傳送八個頻道。

換言之，數位化可以實現播放數百頻道的夢想。

數位播放和類比播放的差異是，就算電波狀況不良，也可以欣賞到鮮明的聲音與影像。因為是數位資料，所以，利用電腦來加工處理比較容易。也可以播放將播放內容與網際網路組合而成的節目。

◆地上波的數位化已經開始

繼CS、BS播放後，地上波的數位化也在進行中。電視若能代替電腦，則可以成為家庭多媒體服務的核心。但是，對於電視台來說，地上波的數位化需要龐大的設備投資，會造成較大的負擔。不過，現在已經開始起步了。

11 在沙漠中也可以使用的衛星行動電話

利用六十六個通信衛星，在地球上任何角落都能通話的行動電話服務「銥計畫」已經完成

◆覆蓋在地球上的衛星網路

現在的行動電話需要附近有基地台，因此，有些地區無法使用。但是，今後在地球上的任何角落，甚至在沙漠都可以打行動電話。實現這個夢想的就是「銥計畫」。

這個計畫是由美國Motorola（摩托羅拉）公司進行的，使用繞行衛星，是在地球任何角落都能通話的劃時代行動電話服務。該公司在九七年五月發射第一枚人造衛星，總

計有六十六個衛星在六個軌道，每個軌道配置十一個衛星，在九八年九月開始服務。

衛星繞行地上七八〇公里的低軌道，可以接收從地面傳送的電波。接收地上傳送來的行動電話電波的衛星，與將電波傳送到通話對象上空的衛星接觸，再連接通話對象附近的地上局。因為電話與衛星的距離較短，所以通話聲音不會延遲。

◆多個繞行衛星傳送電波

衛星有繞行型與靜止型。靜止衛星在赤道軌道上，以和地球運轉速度相同的速度飛行，從地上看起來是靜止的。繞行衛星則非鎖定赤道軌道飛行。銥計畫是指在相同軌道上有多個衛星繞行，像接力賽似的，能夠持續傳送電波。

銥計畫應用在行動電話方面，入會費是每個月五十美元，通話費為每分鐘三美元，價格比一般的行動電話高，現在僅限於國際企業使用。

日本也成為銥計畫的承接公司之一，在九三年四月，ＤＤＩ（第二電信電話）、日本京瓷（Kyocera）出資，成立日本銥計畫站。

◆後續計畫陸續登場

除了銥計畫之外，國際海事衛星組織（International Maritime Satellite Organization，簡稱INMARSAT）方面，也有日本的ＫＤＤ（國際電信電話公司，Kokusai Denshin

鋨計畫的衛星網路

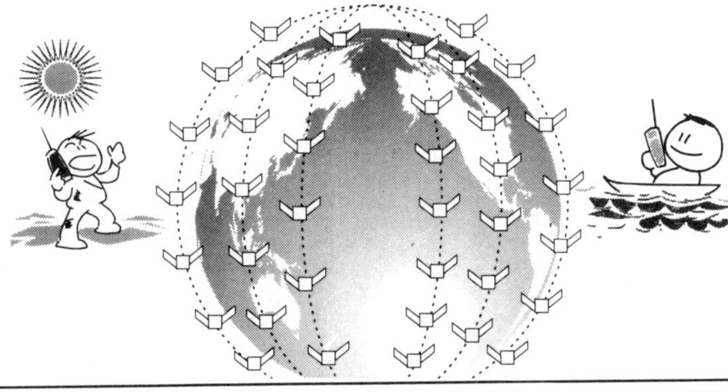

總計66座衛星網路，讓你在地球上的任何地方都可以進行通信。

Denwa）參與，命名為「ICO」，比鋨計畫遲二年，在二〇〇〇年開始服務。ICO集團預測「二〇〇五年世界上衛星行動電話的使用者應該有一千萬人」。此外，由中國政府、NTT、三菱商事（Mitsubishi）等共同參與的亞州地區特定的「APMT（亞太移動通信衛星，Asia Pacific Mobile Telecommunications）」等計畫也在進行中。

美國微軟的比爾・蓋茲（Bill Gates）當然不可能忽略這些狀況。由他出資的美國Teledesic公司使用人造衛星的高速資料通信服務也已經展開。將二八八座衛星配置在地球軌道上，連接網際網路，可以進行企業內部通信、視訊會議、遠距離教育等，實現廣泛的雙向通信服務。斥資九十億美元，二〇〇二年開始經營，稱為「空中的網際網路」。

12 有了電子出版就不再需要報紙和出版品了嗎？

電子出版可以讓一百本文庫書籍或百科辭典全部收錄在一張CD－ROM裡。透過網際網路經營的線上雜誌也出版了

◆如果有電子報，只要搜尋必要的報導就可以閱讀

網際網路對於我們的社會生活來說，是不可忽視的資訊來源，在不久的將來，也許會誕生比電視或報紙更具影響力的媒體。

事實上，在美國有人說「今後五～十年，報紙的銷售數與網路新聞的讀者數將會大逆轉」。美國PointCast公司也開始了並非由電視播放的「網際網路播放」。

美國從九三年開始，就利用網際網路或電腦通信提供報紙報導的電子報。在日本，朝日新聞、讀賣新聞、每日新聞、日本經濟新聞等等主要報社，也在網際網路上提供報導，各家公司成立多媒體局等電子報推進組織，在新聞經營中的戰略事業已納入利用網際網路的電子報事業。

先行一步的美國Nightlidar公司，目標為「所有新聞都可以由網際網路提供」，其業

沒有書本的日子終將到來嗎？

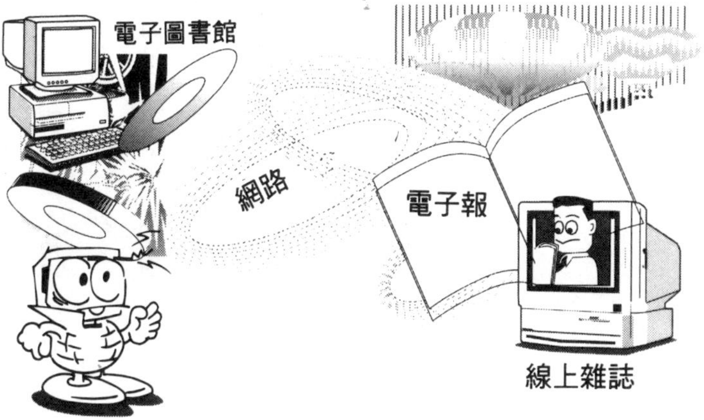

搜尋簡單、不會成為垃圾的電子出版會超越紙媒體嗎？

績迅速成長。因為注意到廣告內容的價值，因此，在網際網路上的求才廣告利用度得到領先全美的實績。

隨著新聞的電子化，在沒有時間時，可以從電子報搜尋需要的資訊來閱讀，當然這也具有減少家庭垃圾的效果。

◆沒有書本的日子終將到來嗎？

除了報紙外，圖書領域也正在進行利用網際網路的「媒體革命」。

將書或寫真集等製成CD－ROM，在電腦螢幕上翻閱，享受繪畫、聲音樂趣的書籍，在幾年前就已經出現了。最近，很多作家的新作品並非製成出版品，而是利用網際網路的網頁來發表。在不久的將來，也許一般所說的書籍都會變成「線上雜誌」，在網路上成為定期刊物。

值得一提的是，電子出版加入「聲音」資訊，例如來自作者的訊息可以由作者自行發聲，讓讀者們聽到。

但是，電子出版品還有一些需要解決的問題。例如，作家的著作若無限制的在網路上流傳，那麼，是否會影響到著作權呢？如果不解決著作權的問題，恐怕就無法實現電子出版的夢想。

此外，就閱讀的難易度而言，當然還是出版品比較好，所以，不可能所有的刊物都變成電子刊物。但是，電子出版適合保存絕版的書籍，像國立圖書館已經在進行將書籍數位保存的計畫。與書本不同，既不佔空間，又不用擔心破損的問題，因此，電子出版比較適合圖書館。

PART3

新素材的世界

成為各種技術基礎的素材技術的構造

◎形狀記憶合金能夠使胸罩的鋼絲完全吻合嗎？
◎高溫超導材料會掀起新產業革命嗎？
◎氫吸藏合金是能量的提款卡嗎？
◎鋰電池是新一代蓄電池的主角
◎玉米是原料的生分解性塑膠
◎具有智能的智慧材料
◎芙是比鑽石更硬的物質嗎？

掌控新素材者掌控技術

新素材普及於我們的日常生活和產業社會中，也是支撐明天的尖端技術，我們對其發展抱持極大的期待。最近，新素材嶄露頭角的理由之一，就在於素材產業的成熟化。

在高度經濟成長的時代，興建大樓、修整道路，在全國鋪設鐵路。因此，鋼鐵、非鐵金屬、化學、窯業、纖維等素材產業大幅成長。但是，隨著經濟進入穩定期，亦即是一旦物質充裕，今後的需求不會急速增加。

要打破這種僵局，必須要以附加價值高的新素材，取代大量生產的一般用素材。最近，鋼鐵、非鐵金屬等大型企業將觸角伸展到陶瓷、形狀記憶合金、氫吸藏合金等金屬新素材，理由就在於此。

其中一個背景是，開發新素材所帶來的技術及市場影響非常大。新素材具有調味料的性質，很難與大量需求聯想在一起，就算「形狀記憶合金」使用在胸罩上成為暢銷商品，但是每件使用量僅三公克，銷售一百萬件，總使用量也只不過三公噸，並不算多。

「掌控材料者掌控技術」，的確，以素材技術為基礎的新技術已經出現，同時也誕生了新製品及新市場。

●新素材領域的未來技術預測

2007 ◎Flalen系碳化合物的大量合成技術開發。
2009 ◎生分解性塑膠佔全塑膠的10%。
◎使用可以預知強度劣化的混凝土（水泥、各種纖維、鋼筋等）建設大型建築物（橋、高樓大廈等）。
2010 ◎耐氧化性碳纖維強化碳複合材料實用化。
2011 ◎擁有400Wh/l容量的塑膠二次電池實用化。（現在的Ni-Cd電池容量為180Wh/l）
◎由金屬組成的陶瓷、會產生連續變化的傾斜機能材料實用化。
2014 ◎使用擁有液態氮（77K）以上臨界溫度的超導材料的產業用電氣器普及。
2016 ◎能夠自行檢查、具有修復功能的智慧材料普及。
2017 ◎使用氫吸藏合金的氫燃料汽車超過總生產輛數的10%。

編輯部根據科學技術廳『第6次技術預測調查』資料製作

事實上，氫吸藏合金的登場，促進鎳氫電池的出現，未來型素材則是「C60（芙）」，可以成為半導體或超導的材料。

日本是傳統的「材料王國」。日本人開發的材料很多，包括本多光太郎的KS鋼，以及加藤與五郎、武井武的鐵酸鹽、三島德七的MK磁石、小川建男的鈦酸鋇強誘電體。

近年來，半導體材料硅的供應方面，日本佔世界消耗量的七成，在「生分解性塑膠」方面也具有領先的技術水準。期望今後能夠運用這些傳統發揮領導力。

1 形狀記憶合金能夠使胸罩的鋼絲完全吻合嗎？

具有變形後只要到達一定溫度又能恢復原狀的特性，因此，可以用來連接管子或使用在自動開關式的水龍頭上

◆加熱到一定溫度就能還原

相信很多人都聽過「形狀記憶合金」。這種金屬的特徵是，再怎麼彎曲，只要加熱後就能夠恢復原狀。六〇年代初期，美國海軍研究所在開發新的船艦用材料時，發現鎳和鈦的合金具有這種特徵。

這種合金是將鎳和鈦以一比一的比例混合，進行熱處理，成為某種形狀時，就會記住這個形狀，即使變形，只要加熱到一定溫度，又能夠恢復原先的形狀（稱為麻田散鐵變態）。還原溫度可以設定在負十℃到一百℃之間。這個現象的關鍵就在於金屬的結晶構造。

◆形狀記憶合金的原理

如果將金屬放大來看，原子是規則正確的排列成格子狀的結晶構造。一般的金屬變形後，原子會一個個分開，形成穩定的結晶構造，即使加熱也不會還原。

形狀記憶合金連接管的使用法

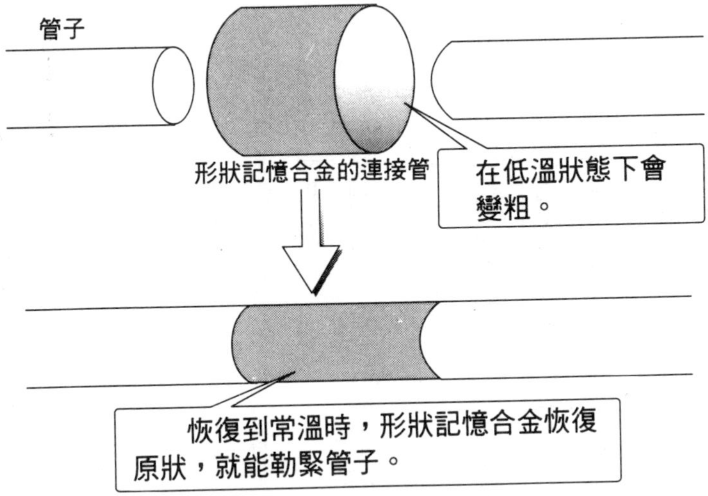
管子
形狀記憶合金的連接管
在低溫狀態下會變粗。
恢復到常溫時，形狀記憶合金恢復原狀，就能勒緊管子。

形狀記憶合金在低溫下變形時，結晶構造產生的變化與一般金屬相同。但是，原子脫落的情況較小，僅止於不穩定狀態的變化而已，達到一定溫度以上時，結晶構造就會還原，恢復原先的形狀。

這種合金不僅是麻田散鐵變態，同時也具備如橡膠一般不會折斷、能夠屈伸的超彈性功能。

因為具有這兩種特性，在八〇年代後半期，華歌爾將其使用在女性胸罩的鋼絲上，成為話題。即使鋼絲彎曲，仍然可以藉著體溫恢復原狀，穿起來沒有異物感，與肌膚的接觸非常柔和。對女性而言的確是很好的胸罩。

具有形狀記憶效果的合金，就是鎳鈦

合金、銅鋅鋁合金、金鎘合金、鎳鋁合金等。持久性方面，則以鎳鈦合金最好。

◆獨特的應用例登場

形狀記憶合金可以用來做為連結玩具的管子，也可以調整空調的自動風向，甚至可以應用在牙科用的鋼絲上。

連接管子時，是用形狀記憶合金製造比管子更細的連接管，在低溫狀態下使其變粗後罩在管子的接合部分，而到了常溫時要恢復原先細的狀態時，牢牢的勒緊接縫部分，使其緊密結合在一起。

最近獨特的應用例是TOTO的自動開關式水龍頭產品。應用能夠調整水溫的恆溫器的主要部分，當水溫高於或低於設定溫度時，水龍頭會自動開關調節出水量。

2 高溫超導材料會掀起新產業革命嗎？

物質的電阻變成零的超導現象。以IBM蘇黎世研究所的成果為關鍵，陸續釐清臨界溫度的障礙

◆電阻為零的超導現象

不小心碰到亮著的燈泡，因為太燙而跳了起來。這是因為燈泡用的燈絲有電阻，電能的一部分成為熱釋放出來的緣故。

電線所用的銅線是容易導電的金屬，但是也有阻力，在電從發電場送到家裡之前，電的百分之幾已經成為熱而流失。如果有無電阻的物質，那麼發電的電就能全部送達。

超導現象就是讓物質的電阻變成零。這個現象在一九一一年由荷蘭物理學家歐尼斯（Heike Kamerlingh Onnes）所發現，此後七五年間，認為只有在液態和冷卻的絕對零度（負二七三℃）附近的極低溫狀態下才會發生這種特異現象。然而在這種低溫下無法使用電線。

◆負一九六℃也算是高溫嗎？

八六年一月，歐尼斯與ＩＢＭ蘇黎世研究所的團隊，發現了取代以往金屬的氧化物系超導物質。後來，陸續突破超導狀態臨界溫度的障礙，確認即使超過液態氮（負一九六℃）的溫度範圍，也會出現這種現象。這就是所謂「高溫」超導。雖說高溫，但並非像水沸騰那樣的高溫。

與使用液態氮的情況相比，冷卻裝置比較簡單，在相同狀態下，成本又降低了一位數。

目前，稱為高溫超導材料的物質包括釔系、鉍系、碲系、鈥系等，顯示超導狀態臨

超導體臨界溫度的演變

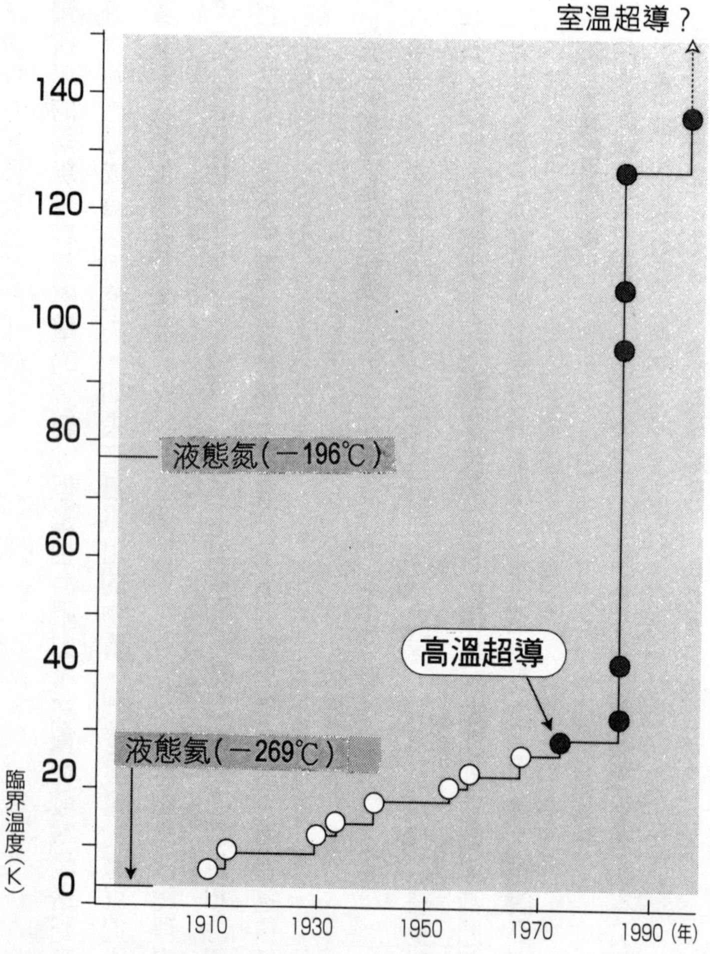

(註)K是絕對溫度的單位（0K=273℃）

真的能夠得到室溫超導嗎？

超導的應用例

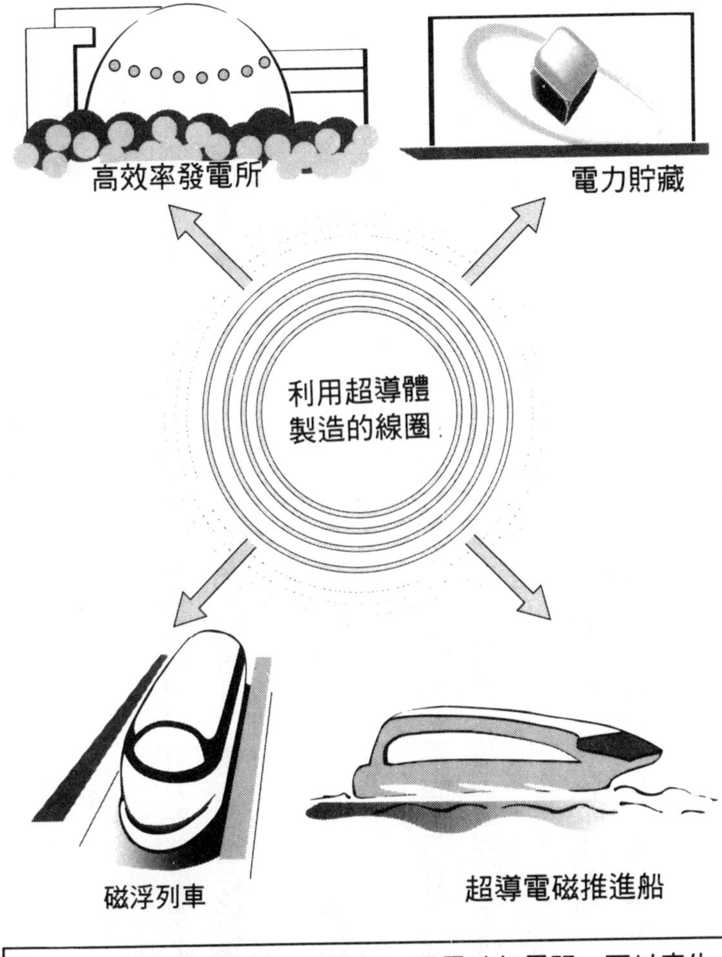

利用超導體製造的線圈，通電時無電阻，可以產生強大磁場。

界溫度的記錄已經上升到負一四〇℃。

◆開發超強力磁石及線材

超導應該如何應用呢?

在能源方面，可以研究應用在高效率發電機、低損失送電、電力貯藏裝置上。使用超導材料的線圈通電時，因為無電阻，電流可以恆久流動。電力貯藏裝置利用這個性質，可以貯藏電。

當纏繞電線的線圈通電時，會產生磁場。若線圈使用超導材料，因為無電阻，所以會產生強力磁場。超導的應用主要就是利用這種強磁場。

要實現核聚變，必須封住一億℃等離子體的強烈磁場，利用高溫超導實現強磁場，就更能夠提高其可能性了。在運輸方面，可以利用在需要強力磁場的磁浮列車上。磁浮列車是利用磁石強大的排斥力和吸引力才能作動。

超導電磁推進船也是利用電磁石強大的排斥力而運行的船。注入海水的筒，用以超導材料製造出來的線圈圍繞，形成強大磁場。然後讓筒中的海水通電，海水因此產生電磁力，與線圈的磁場相斥，就會作動。

此外，也可以期待用來實現超高速電腦基礎的約瑟夫森元件，或同步加速器放射光裝置上。為了實現這些應用，開發出十特斯拉（特斯拉是一萬高斯）級強磁場的超導磁石，或是切面面積一平方公分一萬六千安培的大電流超導線材。

關於氧化物系物質為什麼會產生超導現象，目前還不十分了解。除了超導體的應用技術外，解開這個謎團也是課題之一。

3 氫吸藏合金是能量的提款卡嗎？

具有吸收或釋出氫氣性質的合金。可以廣泛應用在大量運輸氫、熱汞或電動車的電瓶等各方面

◆一小匙半就可以貯藏十公升的氫

「氫吸藏合金」（氫貯藏合金）是具有吸收及釋出大量氫氣性質的合金，可以稱為「能量提款卡」。吸收氫的金屬，也許大家會覺得很稀罕。鐵會吸收氧，造成生鏽的現象，但是，氫吸藏合金不僅是吸收，同時也可以釋出氫，這是它最大的特徵。

六〇年代後半期，美國布爾克海文國立研究所發現鐵鈦合金、荷蘭飛利浦研究所發現鑭鎳合金具有這種性質，因此備受注目。

這些合金，可以藉著室溫、數十氣壓以下的氫壓，以液態氫一・五倍的密度吸收氫

氫吸藏合金是能量的提款卡

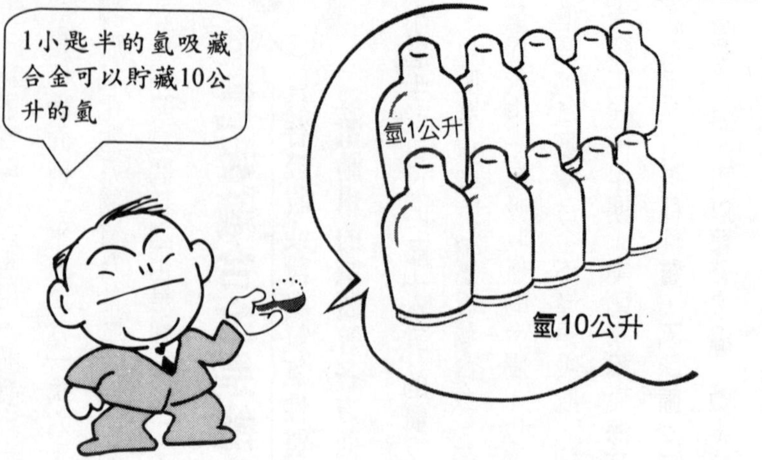
1小匙半的氫吸藏合金可以貯藏10公升的氫
氫1公升
氫10公升

氣。一小匙半（七・五cc）的氫吸藏合金可以貯藏十公升的氫。

我們感覺金屬很硬，且裡面已經塞滿了東西，但以微觀的角度來看，原子與原子之間充滿縫隙，在縫隙之間可以溶入氫原子。

◆大量運輸氫時可以利用

有了氫吸藏合金，就可以利用像液態氫這種不需要超低溫保存、可以常溫保存的物質。此外，氫非常易燃，有爆炸之虞，有了這種物質，就沒有問題了。

用途方面，可以利用其大量吸藏氫氣的作用，當成貯藏、運輸氫的方法來使用。將來在油船上載滿氫吸藏合金，就可以運輸氫了。

這個合金在吸收氫時會發熱，在釋出氫時會奪走周圍的熱，這個性質可以應用在熱汞或冷暖氣系統上。

◆鎳氫電池不可或缺的物質

近年來氫吸藏合金之所以嶄露頭角，是因為它已經成為高性能二次電池（充電後可反覆使用的電池）之一的鎳氫電池的電極材料。

鎳氫電池的正極是氫氧化鎳，負極是氫吸藏合金，電解液是使用氫氧化鉀水溶液。氫從負極移動到正極時，會利用與氫氧化鎳之間產生化學反應所形成的能量產生電。

與以往的鉛蓄電池相比，這種電池能量密度高約一·七倍，重量則輕約二十%，因此，被當成筆記型電腦或行動電話的電源來使用。此外，充電一次的行徑距離超過二百公里，所以，也可以應用在電動車用電瓶上。

4 鋰電池是新一代蓄電池的主角

具有鎳鎘電池二倍的能源密度、三倍的電壓。一旦實現低成本、大容量化，將可以成為電動車用電瓶

◆西元前三世紀的巴格達就已經有電池了嗎？

挖掘者挖到如壺般的東西時，根本沒想到那就是電池。因為挖掘的場所，是在西元

各種2次電池的性能比較

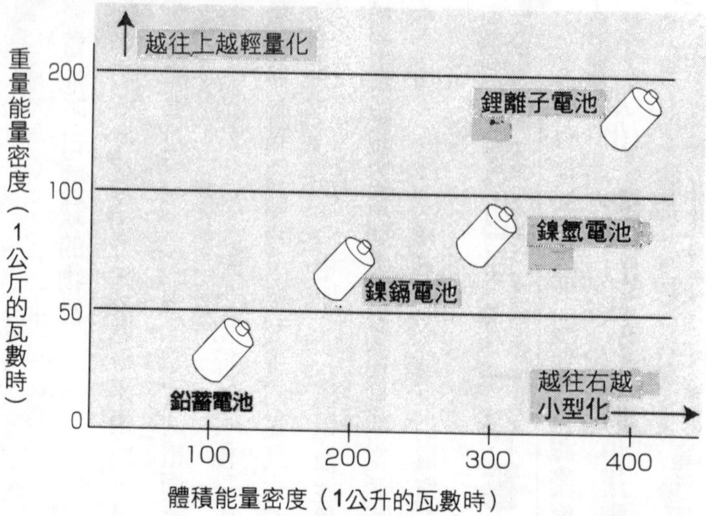

前三世紀後半期巴格達的遺跡。後來發現這是以鐵和銅為電極、以葡萄酒為電解液的電池。所以，電池的歷史非常悠久。

現在我們生活中使用的鹼性電池或錳電池等，是拋棄式的一次電池。

目前備受注目的是可以充電、反覆使用的二次電池。小型、高性能的二次電池，對筆記型電腦、行動電話而言是不可或缺的。而其主角就是鋰電池。

◆能源密度較高，有高電壓

電池是由正極、負極及容器中的電解液所構成。由電線連接正極與負極，藉著離子（帶電的原子）的移動，就產生了電流。電池的性能是由正極與負極的材質來決定的。

鋰電池的正極是鋰氧化物，負極是碳，

並使用有機電解液。當電流流動時，鋰離子由正極移動到負極，充電時則相反，鋰離子由負極移動到正極，藉著離子的往來，反覆充電與放電。鋰成為離子在電解液中移動，藉著充放電，就能夠形成正極、負極的結晶構造變化以及電解液濃度變化的理想電池。

這種電池的最大特徵是，能量密度較高，能保持高電壓。如果與以往的鎳鎘電池相比，同樣的體積，但能量密度卻多了一・七五倍，同樣的重量，但能量密度卻多了二倍以上。電壓方面，鎳鎘電池為一・二伏特，鋰電池則有三・六伏特，多了三倍。

◆可以成為電動車的電瓶

今後的開發課題是低成本化與大容量化。目前價格比鎳鎘電池高出幾倍，因此，如何降低價格成為當務之急。

掌握低成本化的關鍵，在於正極所使用的金屬材料。通常正極是使用鈷酸鋰，鈷是稀有金屬，成本較高，因此，採用錳或鎳逐步實用化。

最近，已經展開了將大型鋰電池搭載在電動車內的行動。充電一次，行走的距離比以往的鉛電池多二倍，為二百公里，如果能夠解決高成本的瓶頸，相信立刻就可以擴大需求。

5 玉米是原料的生分解性塑膠

利用細菌或菌類的作用，可以自然分解為水與二氧化碳的塑膠。期待能成為保護環境的環保型材料

◆利用微生物分解為水與二氧化碳

塑膠製品堅固耐用，不易壞掉，日常生活中時常使用。但這個性質卻會引起環境問題。塑膠製容器幾乎用後即丟，然而，燃燒後會產生戴奥辛等有害物質，直接掩埋又不會腐爛，會不斷屯積。因此，現在要的是「環保型」的塑膠材料。所謂環保型材料，就是不會對環境造成負荷的材料。

因此，開發出「生分解性塑膠」。這種塑膠就算丟棄在山野，只要藉著土壤或水中細菌或菌類產生的酵素作用，經過一段時間後，就會分解為水與二氧化碳（CO_2）。

生分解性塑膠在利用時要保持強度，使用後卻能夠迅速分解，需要這兩種完全相反的功能。所以，必須設計出能夠被棲息在土壤中的微生物分解掉的分子構造。

生分解性塑膠的合成方法，大致可以分為①取出生物所生產的聚合物直接利用，②以石油為原料，進行化學合成，③以農作物的澱粉或糖等為原料，進行化學合成。

◆目前的課題是必須降低生產成本

日本最早進行量產的昭和高分子，是使用②的方法開發出讓熱可塑性樹脂（加熱後變得柔軟、容易變形的塑膠）具有生分解性的「Bionole」，使用在底片、容器或垃圾袋等方面。此外，也成功的開發出利用熱硬化性樹脂（加熱後變硬的塑膠）的生分解性塑膠。利用其硬度，使用在電視遊樂器、電腦機殼等方面。

這是利用稱為脂族聚酯的塑膠，讓稱為酯結合的分子結合具有容易生分解的性質。

三井東壓化學（現三井化學）利用從玉米、馬鈴薯等農作物中取出的澱粉，使其發酵，製造乳酸，合成後將其製品化。二個月後，可以藉著土壤中的微生物分解掉。

雖然希望目前所使用的塑膠製品都能由生分解性塑膠來取代，但是，因為生產成本仍很高，所以，還無法實現這個理想。

成本約相當於一般塑膠的五倍。這個問題必須藉著量產效果將成本降為二～三倍。

6 具有智慧的智慧材料

能配合外在狀況的變化自我診斷、自我修復、適應環境的智能材料

◆容易引發飛機意外事故的金屬疲勞

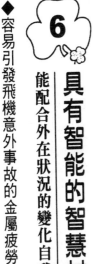

我們累的時候，只要充分休息，就能夠再度湧現活力。疲勞而不休息，累積下來就會造成很大的傷害。金屬也會出現相同的情況，這就是所謂的「金屬疲勞」。

因為金屬疲勞而造成的飛機意外事故，時有所聞。即使是堅固的金屬，經過長時間使用，也會到達容易遭到破壞的狀態。最近在行政界也出現「制度疲勞」的說法。

對飛機而言，如何防止金屬疲勞或儘早發現金屬疲勞是一大課題。

如果飛機機體本身能夠發現金屬疲勞，並具有將其修復的能力，那將是一大幫助。可以完成這個夢想的，就是「智慧材料」。

◆具有軟體正確性的素材

硬體與軟體融合，成為最近技術開發的重要課題之一。在材料世界也開始尋求這類的智慧材料。

智慧材料是指「材料會自己進行檢測（感應功能），自我判斷、找出結論（設計功能），自己下達指令、展現行動（行動功能），具有這一連串的功能」。材料本身是硬體，但是，卻具有如生物般的柔軟特性，亦即具有軟體的性格。

智慧材料大致可以分為自我診斷功能、自我修復功能、適應環境功能等。以往的材料大多區分為「堅硬」、「較輕」、「耐水」等材料獨特的物性或功能，但是智慧材料

智慧材料的功能

自我診斷功能

當扭曲或承受力量的負荷時，光纖維具有感應器的作用，能夠藉著光量的變化傳達異常。

自我修復功能

當承受一定壓力時，壓電陶瓷呈通電狀態，使得形狀記憶合金製的鋼絲遇熱收縮，藉此就能防止傷勢擴大。

適應環境功能

代替複雜的機械裝置，藉著控制形狀記憶合金，就能支撐構造物的形狀。

配合外在狀況，
自行發揮各種功能，
的確是具有「智慧」
的材料。

則是可依使用目的的不同而取得必要資訊科學概念的全新材料。

◆材料本身可以修復機體的飛機

以飛機來說，要讓機體材料本身具有檢測、分析、控制等功能，而且知道如何分別使用。

這時嶄露頭角的是光纖維、壓電陶瓷和形狀記憶合金等。

光纖維具有感應器的作用，當機體發生扭曲時，可以藉著光量的變化傳達異常（自我診斷功能）。

壓電陶瓷則是加諸超過一定程度以上的電壓時就會通電。當機體損傷而承受過大壓力時，壓電陶瓷會通電，使得形狀記憶合金製的鋼絲遇熱收縮，藉此就能防止傷勢擴大（自我修復功能）。

如果機翼部分溶入形狀記憶合金，就可以配合飛行狀況，控制輔助翼，或是讓翼型變形，確保安全、舒適、有效率的飛行狀態（自我診斷及適應環境功能）。這方面的構造研究目前仍在進行中。

以往的輔助翼是藉著複雜的油壓機器作動，但是，使用形狀記憶合金，只要調整溫度即可，構造比較簡單。

使用智慧材料的飛機

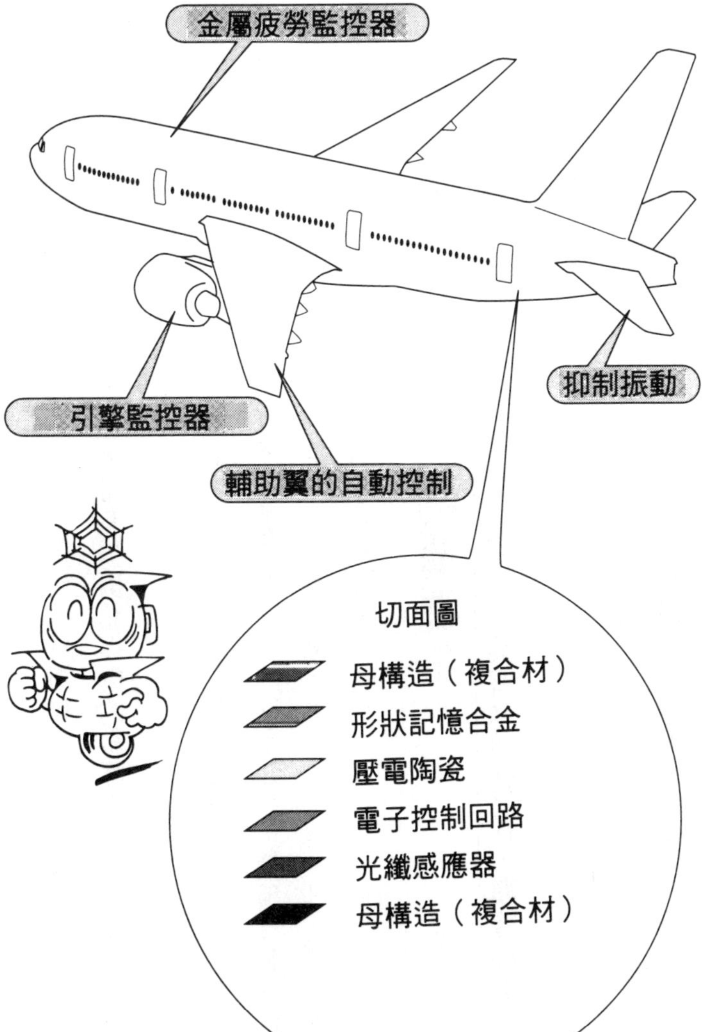
金屬疲勞監控器
引擎監控器
輔助翼的自動控制
抑制振動
切面圖
母構造（複合材）
形狀記憶合金
壓電陶瓷
電子控制回路
光纖感應器
母構造（複合材）

◆自我修復的建築物

在建築物的構造材料中，埋入光纖維，當遇到地震衝擊，或材料劣化、變形、斷裂時，可以立即檢測出來。在混凝土中埋入帶有損傷修復劑的微膠囊，一旦混凝土出現龜裂時，膠囊也會同時破裂，修復該龜裂處。

日本（財）次世代金屬・複合材料研究開發協會接受新能源、產業技術綜合開發機構（New Energy and Industry Technology Development Organization，簡稱ＮＥＤＯ）的要求，進行「智慧材料構造系統」的研究。三菱重工業、富士重工業、日立製作所、本田技研工業等企業群也加入開發行列，期待成果儘快出現。

7 芙是比鑽石更硬的物質嗎？

六十個碳原子連接成足球狀的碳分子。具有各種特性，期待擴大應用範圍

◆足球形的碳分子構造

有些東西外觀不同，但內容相同。例如，鑽石與鉛筆的筆芯（石墨），雖然外觀完全不同，但化學符號都是「Ｃ」，也就是說都是碳塊。

芙C60的構造

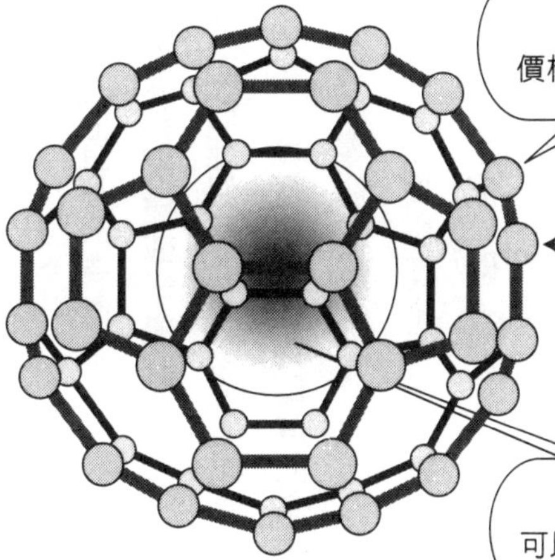
強度為鑽石的2倍，
價格為鑽石的40分之1。
碳原子
內側放入金屬原子則
可以成為超導體或半導體

同樣是碳，卻有這麼大的差別，這是因為碳原子結合方式不同所致。石墨的碳原子結合成平面狀，而鑽石的碳原子則結合成沒有裂縫的立體狀。

碳原子還有第三種結合方式，那就是「芙（C60，Fullerene）」。

最普遍的芙，就是六十個碳原子形成足球形三十二面體的碳分子，別名「C60」。

芙和鑽石等等碳原子一樣，結合成立體狀，每一個都是非常穩定的結晶，硬度甚至高於鑽石。

◆管型也已發現

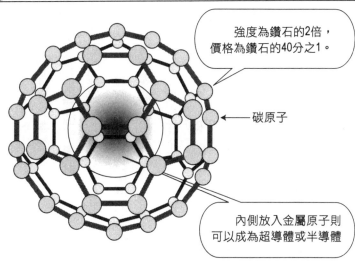

芙是在八五年由英國的柯洛托（H.Kroto）博士等三人發現的，九六年得到諾貝爾化學獎。NEC的飯島澄男主席研究

員在九一年發現芙的同類，也就是碳分子成細長管狀的「奈米管（Nanotube）」，備受注目。

奈米管的直徑只有微米（十億分之一公尺）程度，但是硬度卻比一般的芙更高。

◆可以成為超導體或半導體

關於芙的應用研究才剛開始起步，不過現在已經發表出各種應用研究成果。其中之一就是注意到芙硬度的應用。LSI的細微加工技術，就是利用電子光束照感光樹脂燒成零件的技術。

以往的感光樹脂在用電子光束照而燒成零件時，感光樹脂本身會遭到破壞，對於高積體化而言會造成妨礙。但是，如果在感光樹脂中混入十%的C60以增加強度，那麼就可以進行相當於六四GB（GB為十億）光束的加工。

此外，如果在芙的足球分子內側空洞處放入金屬原子，則依濃度的不同，可以變成超導體或半導體。

目前已研究出可以當成半導體材料的單結晶薄膜。由於芙在較低的溫度下會氣化，因此，較容易形成真空蒸鍍膜。

PART4

生命科學與生物科技的世界

與我們生命休戚相關的技術究竟

可以進步到什麼地步？

◎複製技術可以再誕生一個你嗎？
◎基因重組食品能夠解決糧食危機的問題嗎？
◎何謂基因轉殖動物？
◎期待可以治療癌症或愛滋病的基因治療
◎解讀生命設計圖的人類基因組解析
◎人工臟器可以進步到什麼地步？
◎最尖端癌症治療會變成何種情況？

生物科技已經到達「神的領域」了嗎？

二十世紀的大發現之一，就是發現DNA的構造。DNA為雙螺旋，是非常細長的物質。利用DNA來幫助農作物或疾病治療的技術就是基因工學。

基因工學及利用生物所具有的功能的一連串技術，就稱為生物科技。

現在生物科技已經相當進步了。例如，成為基因工學核心的基因操作技術的進步，確實令人瞠目結舌。英國使用體細胞基因的複製羊「桃莉」誕生的衝擊，相信大家記憶猶新。美國則成功的完成更接近人類的猿猴複製實驗。

農業方面，基因組技術能夠在短時間內開發出耐蟲害、收穫量多、可以長期保存的新品種，像Bio大豆、Bio菜籽油、Bio番茄等，皆已上市銷售。

醫藥品方面，藉著基因操作技術製造出來的生長激素、人胰島素、血液凝固因子、B型肝炎液苗等，已經開發出來。應用生物科技的商品和相關市場的規模，大約為一兆圓左右。

「基因治療」等尖端技術，對於治療愛滋病、老人痴呆症等與人類生命休戚相關的難治疾病，具有開闢道路的重要作用。

●生命科學與生物領域的未來技術預測

2004	◎利用基因操作進行作物的品種改良（量產、耐病性、耐寒性等）在日本實用化。
2009	◎AIDS治療法實用化。
2010	◎開發出能夠預防某種癌症的藥物。
2012	◎基因缺損疾病的基因治療法實用化。
2013	◎各種癌症的5年生存率平均超過70%。（現在胃癌約40%）
	◎開發出完全埋入型人工心臟。
2014	◎明白引起花粉症或異位性皮膚炎等過敏的免疫控制構造和環境要因，能夠完全控制即時型過敏。
	◎惡性腫瘤的基因治療能夠普及。
2015	◎為了利用替代臟器進行移植治療，因此導入能夠抑制或阻止會對於異種臟器移植產生排斥的基因，這種基因轉殖動物的利用變得普及。
	◎利用家畜的體細胞讓複製個體再生的技術實用化。

編輯部根據科學技術廳『第6次技術預測調查』資料製作

對「人類基因組解析」也抱有期待之心。人類基因組是人類基因的地圖，如果完全解讀出來，則很多疾病就可以從基因階段加以了解。調查個人基因，可以在事前知道容易發生的疾病或基因異常。

此外，生物模仿技術這種人工臟器或輔助機器的開發，也是備受注目的技術。在電子學、新素材的尖端技術和健康檢查技術開發方面，都很進步。

就這種發展腳步來看，對新一代生物科技的發展期待很大。雖然對於生物科技抱持肯定的態度，但是，對於複製技術造成「生命操作的是非」的問題點也不容忽視。

隨著生物科技的進步，在醫療方面的確有了新的展望，「複製人」的出現也不再是夢想。我們終將面對這一連串的現實問題。

此外，隨著人類基因組解讀的完成，因為知道基因有缺陷而拒絕就職、投保的差別待遇也可能會出現。基因操作等生命科學，應該從生命倫理的觀點認真加以討論，這是新一代的重大課題。

1 複製技術可以再誕生一個你嗎？

英國洛斯林研究所成功的使用體細胞進行複製實驗。要創造臟器移植用的複製人並不是夢想

◆複製羊「桃莉」的震撼

「希望我的孩子能夠活過來」、「希望我死去的妻子能夠醒過來」——經常有人對研究所提出這類請求。

這個研究所就是英國艾汀巴拉的洛斯林研究所，因為在九七年二月成功的製造出複製羊「桃莉」而一躍成名。但是卻有人不明狀況，而對於該研究所提出前述的要求。

複製羊「桃莉」的誕生

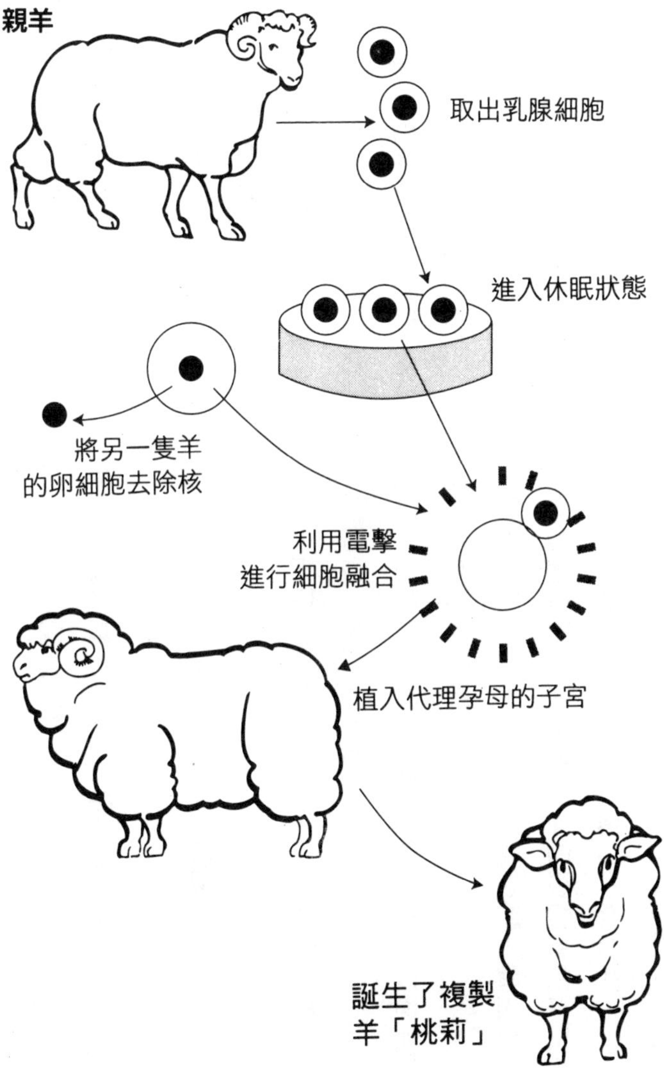
親羊
取出乳腺細胞
進入休眠狀態
將另一隻羊
的卵細胞去除核
利用電擊
進行細胞融合
植入代理孕母的子宮
誕生了複製
羊「桃莉」

複製的希臘文是「小樹枝」的意思，是指生物學上具有相同基因的生命體。但是看以下的例子就可以了解，就算真的複製出妻子，但這個人卻不是之前的妻子。

我們看到的一卵雙胞胎，基因相同，是真正的複製人。然而雖然基因相同，但是體格、性格並不見得完全相同。

當然，目前不允許複製人類，但是桃莉的誕生證明我們的確擁有複製的技術。

◆劃時代的體細胞複製

複製動物本身並不稀奇，例如，現在複製牛不再是稀奇的事。那麼，為什麼桃莉會成為話題呢？因為牠是從稱為乳腺細胞的「體細胞」複製出來的。

複製植物與動物不同，製造方法比較簡單。插枝、分枝、營養繁殖等都可以增加植物，而進行細胞分裂所增加的細菌，也全都是具有相同基因的複製。

動物則非如此，這是因為動植物細胞性質不同的緣故。例如，自成熟的牛體內取出一個細胞來培養，也不可能成長為一隻牛。但若是植物，則例如蘿蔔的根莖葉都可以取出細胞，這些細胞都可以成長為真正的蘿蔔。植物細胞的這種性質稱為「全能性」。

動物的細胞有些也具有全能性，那就是受精卵。可是受精卵逐漸分裂後就失去全能性。因此，就算培養成長動物的體細胞，也絕對不可能成為成熟的動物。

牛等哺乳動物的複製，是受精卵經過五次分裂、增加為三十二個細胞的階段進行分割，細胞核則是移植到其他牛的未受精卵（去除核的受精卵）中。這個方法最多只能複製出三十二隻牛（實際上成功率並沒有這麼高）。

桃莉的情形則是，並非使用卵細胞，而是使用原本不該用來進行複製的體細胞（乳腺細胞）成功的複製出羊來。因為這種方式與以前不同，所以被稱為「體細胞複製」。

目前體細胞複製的成功率仍然很低，創造出桃莉的威爾姆特博士等研究團體，嘗試進行二七七次後才得到成功。使用成體細胞進行複製時，則要到實用階段還必須要提升技術水準，不過，桃莉的成功的確加速了研究的腳步。

◆帶有現實意味的複製人的誕生

在動物上運用組合具有特定性質的基因轉殖（導入外來基因）等技術，則利用動物製造出醫藥品等有用物質的「動物工廠」並不是夢想。

繼動植物方面的研究之後，預測也會運用在人類臟器上，當然也開始討論到生命操作等倫理議題。

在日本，目前科學技術會議禁止將複製技術應用在人類身上，但是技術本身則可以應用在醫療等方面，那麼到底受限到何種地步，目前還在討論中。

生化企業較多的美國，目前也禁止複製人類。英國、法國、德國的法律規定，限制將生殖技術應用在人體上，尤其德國更是禁止利用人類的受精卵做實驗。

2 基因重組食品能夠解決糧食危機的問題嗎？

利用基因操作使得具有耐病性、耐蟲性、持久性等各種性質的農作物登場。但是有人對其安全性感到懷疑……

◆重組DNA，改良農作物

不易腐爛的番茄、耐除草劑的大豆、不讓害蟲靠近的大豆等，最近具有各種優點的農作物紛紛登場，「基因重組食品」成為話題。

提到基因重組，會讓人覺得似乎是在進行什麼危險的實驗。那麼，基因重組究竟是什麼樣的技術呢？

簡單的說，就是切取其他生物中具有有用性質的基因，植入農作物的基因內。基因是細胞中細長的毛狀物質DNA。基因重組就是將DNA剪斷再連接起來。

基因重組所需要的工具是，具有剪下DNA、相當於剪刀作用的限制酶，以及具有漿糊作用的連接酶，還有將基因送達農作物細胞的細菌。

基因重組的構造

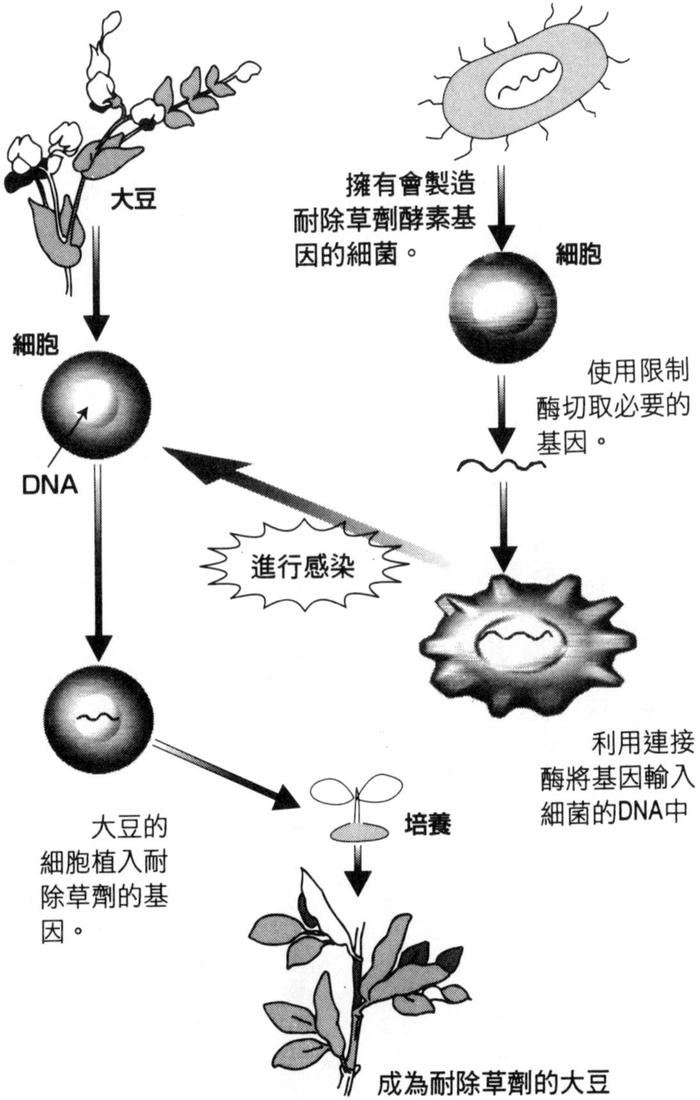

大豆
擁有會製造
耐除草劑酵素基
因的細菌。
細胞
細胞
DNA
使用限制
酶切取必要的
基因。
進行感染
利用連接
酶將基因輸入
細菌的DNA中
大豆的
細胞植入耐
除草劑的基
因。
培養
成為耐除草劑的大豆

順序是利用限制酶切取生物A標靶基因，再利用連接酶植入某種細菌的DNA中。此細菌一旦感染農作物B，則生物A的基因就會溶入農作物B的細胞的DNA中。

◆微生物的基因能植入植物中嗎？

為什麼不同種類的其他生物的基因可以植入體內呢？

基因＝DNA的主要作用是製造蛋白質。例如，我們人體是由大約十萬種蛋白質所構成，其中製造蛋白質的基因全都在DNA中。

由DNA製造出來的蛋白質，會構成皮膚、肌肉、內臟，有些則會成為酵素或荷爾蒙。微生物中也有些酵素對農作物有幫助。

不論是對人類或其他動植物、微生物、病毒來說，DNA的作用是相同的，因此，才產生出將微生物的基因植入農作物的想法。

想要製造能夠耐除草劑的大豆，則必須將耐除草劑種類的微生物基因植入大豆的DNA中。如果要製造持久保存的番茄，就必須要抑制使番茄柔軟的酵素基因發揮作用。

基因重組食品還包括耐害蟲植物、耐病毒植物、生長快速的植物等。

利用這種技術的大豆或玉米等農產品已經從美國進口到國內。近年來，美國基因重組品種的大豆耕作面積不斷增加，日本從美國進口的大豆中有一成是基因重組大豆（基

各種基因重組食品

不易腐爛的番茄

耐除草劑的大豆

不讓害蟲靠近的大豆

這些食品已經進口到國內。大豆可以加工成豆腐、味噌、納豆等。

因改造大豆）。

豆腐、味噌、納豆等的製造都要使用大豆，所以，在不知不覺中可能已經吃下基因重組大豆了。

◆可以解決將來糧食不足的問題嗎？

地球上有將近六十億人口，並以驚人的速度不斷增加，將來糧食不足的問題當然令人擔心。若基因重組技術能夠製造出耐害蟲、即使在寒冷之地或沙漠都能夠生長的農作物，那麼，或許能夠解決糧食不足的問題。

但是，基因改造食品目前在安全方面還有很多未知的部分，因此，消費者要求使用標示的聲浪也逐漸提高。

日本厚生省基於「食品安全性評價指針」，要求相關單位對於基因本身或基因製造出來的蛋白質是否會引起過敏或含有毒素等問題進行確實的檢查。

日本所銷售的基因改造農產品，包括大豆、油菜籽、玉米、馬鈴薯等十五種。大豆九九％依賴進口，其中八十％幾來自美國。

如果能夠釐清安全性的問題，那麼，也許將來就可以成為解決糧食危機的關鍵。

3 何謂基因轉殖動物？

以三十五倍的速度快速成長的銀鮭、比一般老鼠大二倍的超級大鼠
——在「動物工廠」都能辦到嗎？

◆成長速度快三十五倍的鮭魚味道如何？

基因改造植物的動物版是「基因轉殖動物（TransgenicAnimal）」。動物基因怎麼可能重組？很多人都無法接受這種說法。

事實上，在加拿大的確利用基因重組技術，製造出成長速度比正常鮭魚快三十五倍的銀鮭，但是遭到消費者的反彈，無法商品化。

八二年也誕生了體積比一般老鼠大二倍的超級大鼠。

一般來說，不管營養狀態多好，人類的身高也不可能高到三公尺或四公尺。對動物而言也是如此，所以，不可能有像牛一般大的狗或像大象一般大的羊。

各種動物的基因都具有調整生長激素、使其只會成長到一定限度的作用。

如果加入會促進製造生長激素的基因，那麼，當然就會比正常大小成長更多。

基因轉殖動物是指，導入其他動物的基因或破壞特定基因的動物。

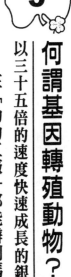

◆製造出人類胰島素的大腸菌

事實上，導入其他動物的基因，也可能製造出對人類有用的酵素。並非利用動物、而是利用大腸菌製造出治療糖尿病的胰島素已經實用化了。

糖尿病是腎上腺製造的胰島素缺乏而引起的疾病，在以前是利用植物的胰島素進行治療。但是，隨著基因工學的發達，可以利用大腸菌製造出人類的胰島素。也就是在大腸菌的基因中植入製造人類胰島素的基因。

使用大腸菌，是因為它的分裂增殖時間較短。短時間內，擁有人類胰島素基因的大腸菌增加，就可以生產人類胰島素。大腸菌給人不潔的印象，但它對人類確實有很大的幫助。基因轉殖動物，就是使用動物來進行這類的操作。

◆羊奶能夠成為血友病的藥物嗎？

出資贊助研究、促使複製羊「桃莉」誕生的英國PPL醫療研究公司，也向基因轉殖動物的研究挑戰。該公司在九七年將製造人類血液凝固因子而用來治療血友病的基因成功的植入羊體內。

根據報告書指出，由羊的胎兒取出的細胞，經過培養後，再植入製造人類血液凝固因子的基因，然後將該細胞核移植到另外一隻羊的受精卵中，結果就誕生了具有血液凝

利用基因改造技術進行治療

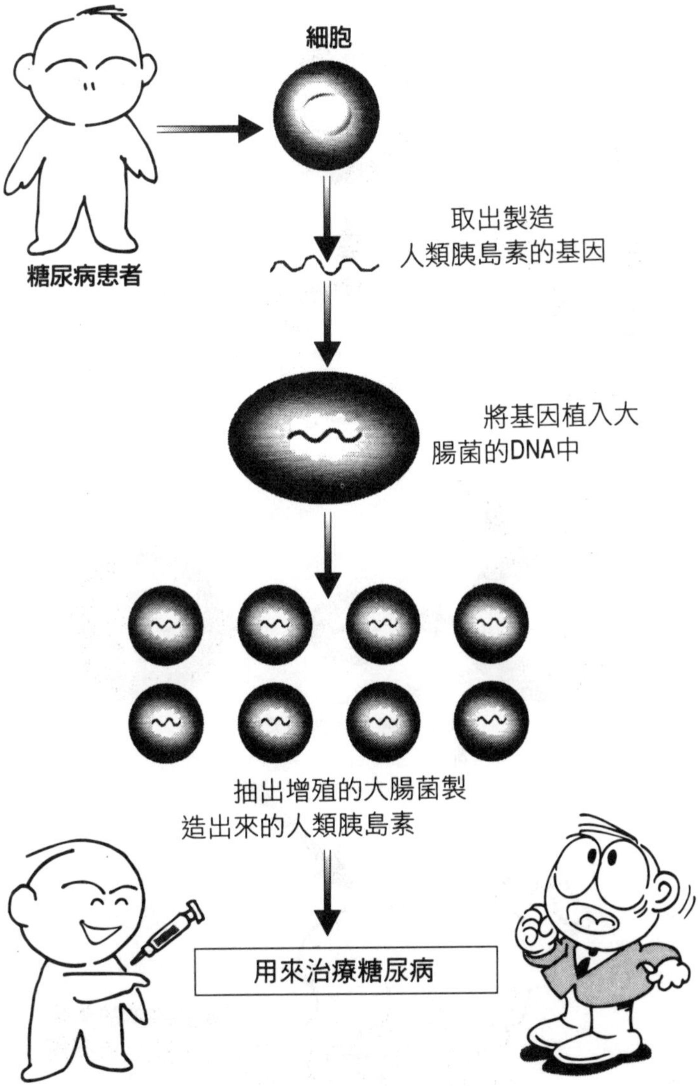
細胞
糖尿病患者
取出製造
人類胰島素的基因
將基因植入大
腸菌的DNA中
抽出增殖的大腸菌製
造出來的人類胰島素
用來治療糖尿病

基因轉殖動物的誕生

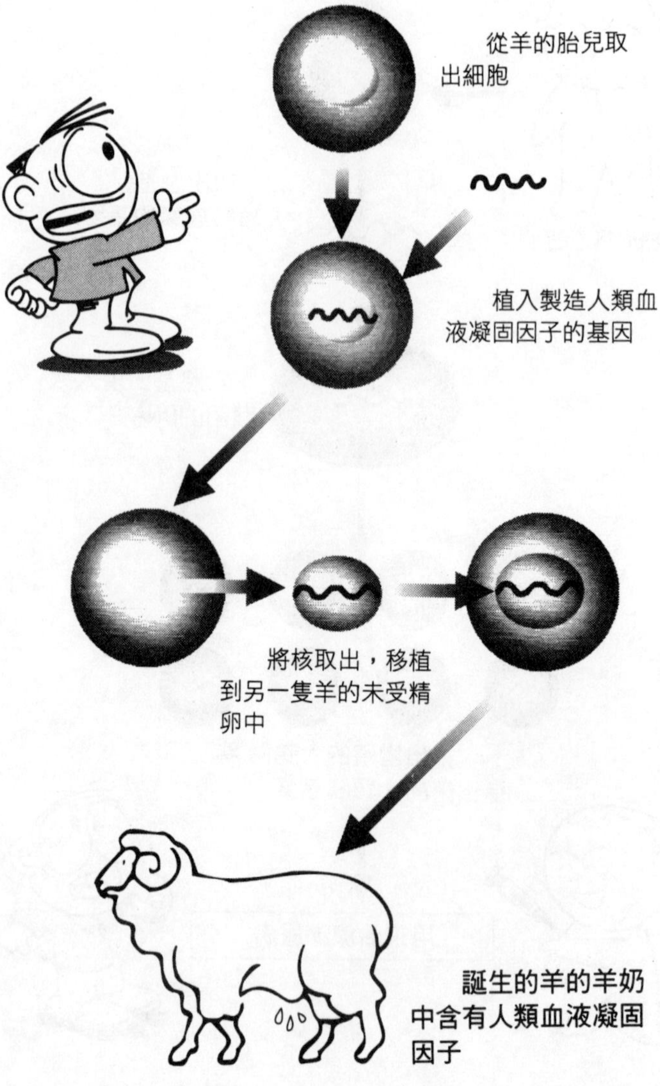
從羊的胎兒取出細胞
植入製造人類血液凝固因子的基因
將核取出，移植到另一隻羊的未受精卵中
誕生的羊的羊奶中含有人類血液凝固因子

固因子基因的複製羊。這隻羊叫做「波莉」。如果預估正確，則成長的羊奶中應該含有血液凝固因子。然後只要從羊奶中抽出必要的成分即可。

像這樣，利用動物大量製造出對人類有用的蛋白質的做法，就稱為「動物工廠」。根據後來的報告發現，植入這種人類血液凝固因子基因的複製羊，其死亡率高於一般的羊，原因還不十分明確，因此尚未實用化。

◆有助於解析基因

關於基因轉殖動物方面，也有人進行破壞動物原本就具有的基因的實驗。破壞作用不明的基因，目的是為了確認其作用。主要是使用老鼠做實驗，對於解析基因有很大的幫助。

4 期待可以治療癌症或愛滋病的基因治療

病毒中植入治療用的基因成為最終醫療。雖然已有ADA缺損症患者的臨床研究例，但是否能夠成為治療法仍是未知數

◆病毒有助於基因治療

我們都認為病毒是在體內作惡、引起疾病的壞蛋。但事實上病毒有助於治療疾病，而且是基因治療不可或缺的重要角色。像癌症或阿茲海默症等難治疾病的治療法，目前尚未確立，但是，最近持續了解其發病構造，知道與基因異常有關。

基因治療是找出成為這類疾病原因的基因要素，繼而操作該基因，進行治療。這就是二十一世紀的最終醫療。那麼，病毒對於基因治療究竟有什麼幫助呢？

◆既是生物也是非生物的病毒

病毒是由DNA及包住DNA的蛋白質的殼所構成。大腸菌等細菌是單細胞，具備生命活動所必要的器官。病毒則沒有這類器官，所以會讓人以為它是沒有生命的物質。

但是，病毒與其他生物的細胞接觸時，會立刻附著於細胞表面，將自己的DNA注入該細胞中。被注入的DNA，會使用細胞中的材料增殖，當增殖到一定的量時，會突破宿主細胞的細胞膜跑出來。

例如，代表愛滋病病毒的「RETRO」病毒（反轉錄病毒），就是使用RNA代替DNA。一旦進入宿主細胞後，就會使用稱為反轉錄酶的酵素合成DNA。這個DNA會鑽入宿主細胞的DNA中。基因治療就是利用RETRO病毒的這種性質。

基因治療時，為避免病毒作惡，首先要進行不讓病毒的DNA增殖的加工。然後將此病毒植入治療用的基因中，成為基因治療藥投與患者。病毒感染標靶細胞，將治療基

病毒的增殖方法

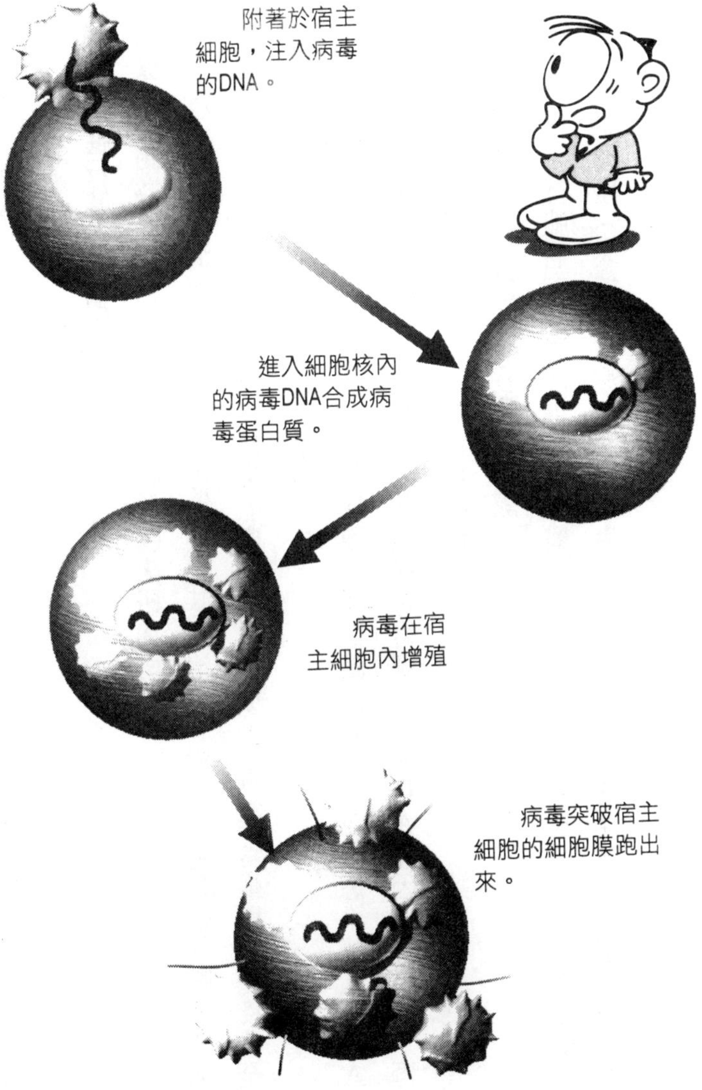

附著於宿主細胞，注入病毒的DNA。
進入細胞核內的病毒DNA合成病毒蛋白質。
病毒在宿主細胞內增殖
病毒突破宿主細胞的細胞膜跑出來。

因送入標靶細胞內部，製造出有助於治療的蛋白質。這種負責運送植入基因的病毒就稱為載體。

◆日本已經開始進行基因治療

基因治療以美國為主，大約有二五〇〇個臨床研究例。

一九九五年八月，日本北海道大學醫院進行第一號基因治療，對於天生製造腺嘌呤去氨酵素（ＡＤＡ）的基因有異常的ＡＤＡ缺損症患者進行治療。這是非常嚴重的免疫不全疾病，比一般感染症更容易在幼兒期之前就死亡。

首先從患者的血液中取出淋巴球，使其增殖。然後讓患者的淋巴球感染植入ＡＤＡ基因的ＲＥＴＲＯ病毒，導入ＡＤＡ基因。利用病毒得到正常ＡＤＡ基因的淋巴球，再次透過血液回到患者的體內，藉此就能治療疾病。

◆目前對於治療愛滋病或癌症還有困難之處

日本岡山大學進行肺癌的治療計畫，東京醫科研究所進行腎細胞癌等的治療計畫。此外，迪納貝克研究所（茨城縣筑波市）和東大致力於改造病毒的開發，希望能夠開發出安全性較高的基因治療藥。

但是，目前除了ＡＤＡ缺損症之外，幾乎沒有其他的例子，而且在開發階段確認基

基因治療的構造

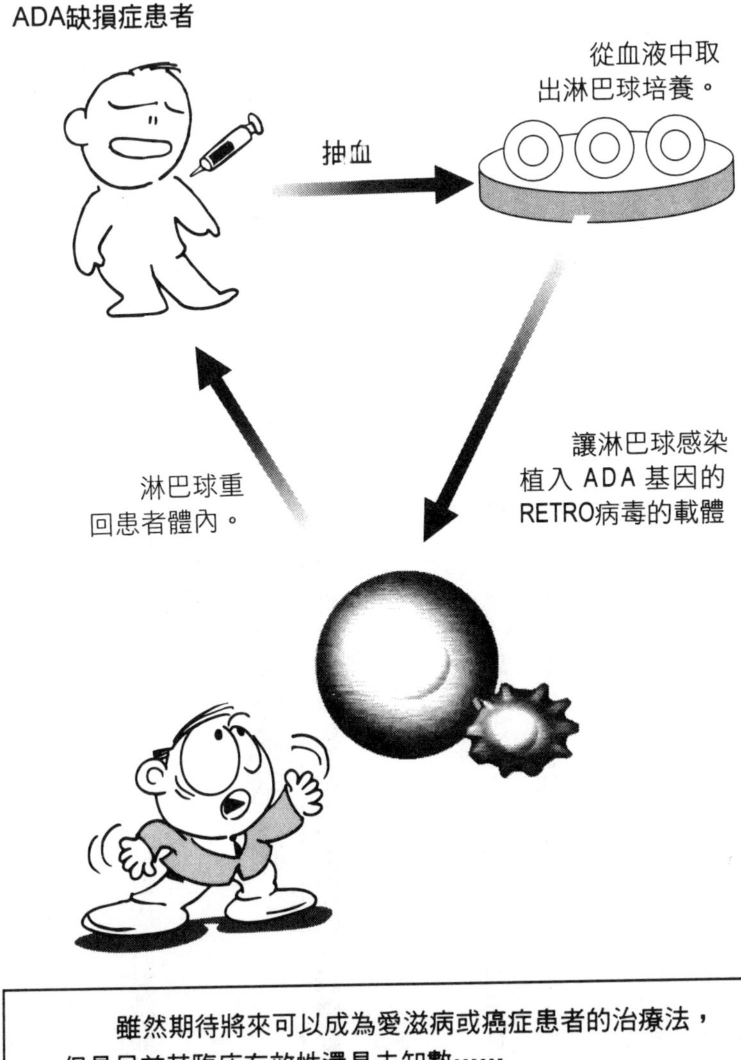
ADA缺損症患者
抽血
從血液中取
出淋巴球培養。
讓淋巴球感染
植入 ADA 基因的
RETRO病毒的載體
淋巴球重
回患者體內。

雖然期待將來可以成為愛滋病或癌症患者的治療法，但是目前其臨床有效性還是未知數……

因治療藥安全性的機構也不完善，因此到目前，基因治療的臨床有效性還是未知數，要成為癌症或愛滋病等許多疾病的治療法，恐怕還需要一段時間。

此外，操作人類基因，會讓人產生強烈的不信任感。理論上可以適用於受精卵等生殖細胞，但是基於倫理觀點，這個問題恐怕尚待釐清。

5 解讀生命設計圖的人類基因組解析

解讀人類基因訊息的世界性計畫已經完成，然而卻也面臨保護隱私權的課題

◆基因組中含有所有的基因訊息

每個人都擁有不同的DNA（去氧核糖核酸），那麼，我和你的DNA到底有多少差異呢？事實上只有〇・一％而已。這些許的差異卻製造出各種不同瞳孔顏色、髮色的人。

基因組是指，某種生物所需要的一整組基因訊息。這一整組是指我們細胞中一整套的DNA（正確的說法應該是二條為一組的染色體中的一條）。

人類所擁有的基因組稱為人類基因組。每個人都有人類基因組，會因為其中些許的

基因組、染色體、DNA的關係

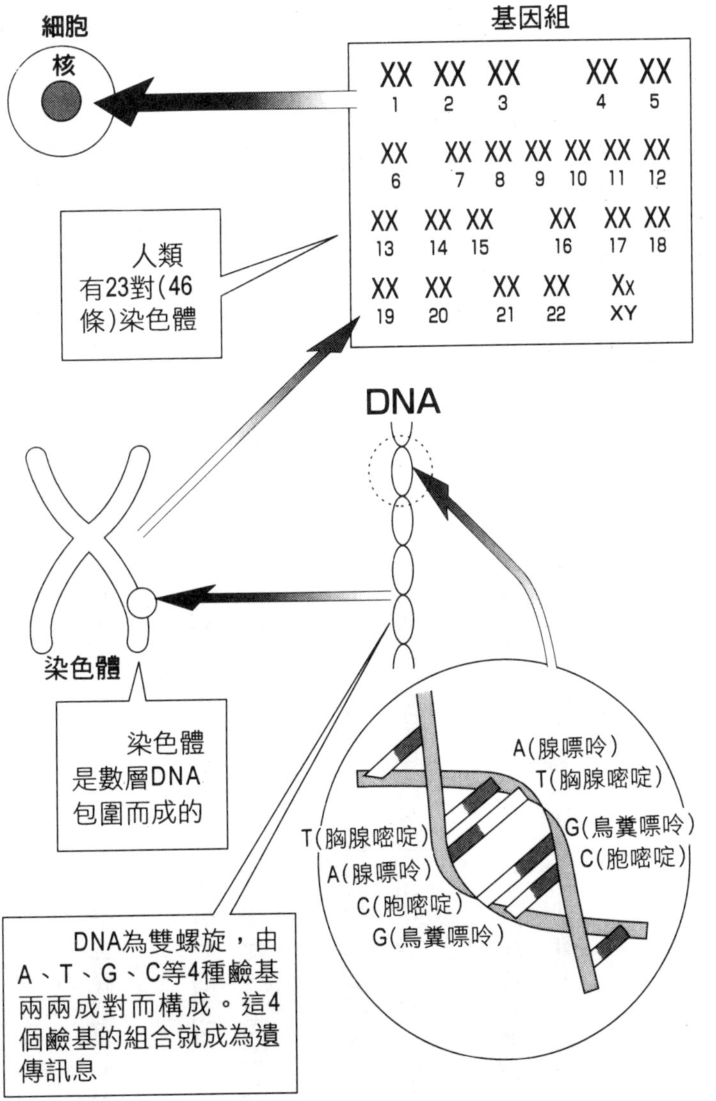
細胞
核
基因組
XX XX XX XX XX
1 2 3 4 5
XX XX XX XX XX XX XX
6 7 8 9 10 11 12
XX XX XX XX XX XX
13 14 15 16 17 18
XX XX XX XX Xx
19 20 21 22 XY
人類有23對(46條)染色體
DNA
染色體
染色體是數層DNA包圍而成的
A(腺嘌呤)
T(胸腺嘧啶)
G(鳥糞嘌呤)
C(胞嘧啶)
T(胸腺嘧啶)
A(腺嘌呤)
C(胞嘧啶)
G(鳥糞嘌呤)
DNA為雙螺旋，由A、T、G、C等4種鹼基兩兩成對而構成。這4個鹼基的組合就成為遺傳訊息

差距而產生個人差異。

◆解讀約三十億個文字序列

我們的身體由六十兆個細胞所構成，每個細胞都有DNA。DNA是二條細長的繩子面對面成螺旋狀構成的。一個細胞中的DNA長度總計二公尺。

這麼長的DNA具有資料庫的作用，記錄了人類成長、維持生命所需要的訊息。這些訊息是由A（腺嘌呤）、T（胸腺嘧啶）、G（鳥糞嘌呤）、C（胞嘧啶）這四個文字（鹼基）所構成的。

人類的基因組是由這四個鹼基所形成的約三十億個文字序列所構成的。這個堪稱「人類生命設計圖」的DNA文字序列的解讀，以及讀取細胞中的基因訊息的計畫，就是「人類基因組計畫」。

人類基因組計畫是最大的世界計畫，日美英法各國都已經完成。基因訊息解讀作業是由「國際人類基因組解析機構」負責。在日本則是由東大醫科研究所人類基因組解析中心導入最新超級電腦進行研究。

◆解讀人類基因組訊息的專利化傾向

人類基因組三十億個文字序列目前已經全部解讀完成，但是，要知道解讀出來的基

何謂人類基因組計畫

解讀人類基因組遺傳訊息的世界性計畫已經完成。

若能解讀所有的遺傳訊息，的確能使遺傳疾病的研究等有更大的進步。

因具有什麼作用，恐怕還得要花上十幾、二十年的時間。

人類基因組具有的訊息如此龐大，有些國家展現要將已經解讀的人類基因組訊息申請專利的動向，當然也出現贊否兩派的理論。

除了人類以外，目前已經完成的基因組解析還有大腸菌、藍藻、酵母菌等十幾種微生物的文字序列，而動植物和海鮮類的研究也在進行中。

◆就職或結婚可以進行基因鑑定嗎？

有些疾病和基因異常有關，如果能夠解讀基因組，知道容易罹患疾病的遺傳要因，則當然有助於開發新的醫藥品與醫療技術。

但是另一方面，人類基因組計畫該如何保護個人遺傳訊息這種最後的隱私權，也成為一大課題。

將來在就職或結婚時，對方可能會要求做基因鑑定，屆時可能形成新的差別待遇。畢竟以現在的技術來說，只要一根毛髮就能檢測出ＤＮＡ。

此外，人類基因組已經完全解析出來，理論上可以誕生製造全新人類的技術。解讀生命神秘技術的光與影的部分，一定要仔細考慮清楚。

6 人工臟器可以進步到什麼地步？

電子技術的進步傾向於小型化，而且開始研究更接近實物的生物人工臟器

◆期待成為解決捐贈者不足的問題的關鍵

日本通過議論紛紛的臟器移植法，開始正式進入臟器移植的時代。但是，臟器移植若無捐贈者（提供臟器者），則根本無法成立。

很多人還無法完全了解臟器移植，今後捐贈者的數目到底會增加到什麼程度，仍是未知數。而且捐贈者的臟器必須適合患者才行，因此，來不及等待捐贈者的出現而到國外接受臟器移植的例子也增加了。所以，人工臟器令人期待。

現在已經實用化的人工臟器，包括人工腎臟、人工血管、人工關節等。至於人工心臟、人工肝臟等，則由於功能十分複雜，所以很難實用化。以人工心臟為例，目前只有輔助功能，無法做出與實際心臟功能完全相同的人工心臟。

◆電子技術可以使其高性能化

因為銜接了電子技術，因此，從十幾年前的大型臟器轉變成患者容易使用的小型臟

器。過去的人工臟器是體外型，二條粗大的人工血管與體外的幫浦結合，因此，患者無法自由活動。現在則傾向於小型化，可以埋入體內。

雖然埋入型人工心臟必須配帶電池等，但是，以往連翻身都辦不到的重症患者，現在在手術後多半能夠步行回家。人工心臟主要是當成在移植心臟之前的「暫時輔助器」來使用，但是現在使用時間已經延長，而且在德國已有埋入體內超過二年的患者。

另一方面，人工肝臟不僅要能夠去除積存在血液中的有害物質，發揮解毒作用，同時必須補充由肝臟所製造的血漿蛋白等，因此，使用的是採自動物肝臟細胞浮游液等的生物反應堆。

◆豬的臟器可以移植到人體嗎？

除了人以外，研究移植其他動物臟器的可能性也在進行中。過去曾經進行狒狒、大猩猩、羊等臟器的移植，但是並未得到成果。最近，備受注目的是來自豬的臟器移植。豬的臟器在形態上比較適合人類，而且容易繁殖。

必須解決的問題是，伴隨移植產生的排斥反應。排斥反應是當免疫系統發現與「自己」不同的東西侵入時所展開的攻擊。而分辨是否與「自己」不同的，則是由細胞膜飛出、稱為糖鏈的物質。若能去除糖鏈，就不會引起排斥反應。

小型化的人工臟器

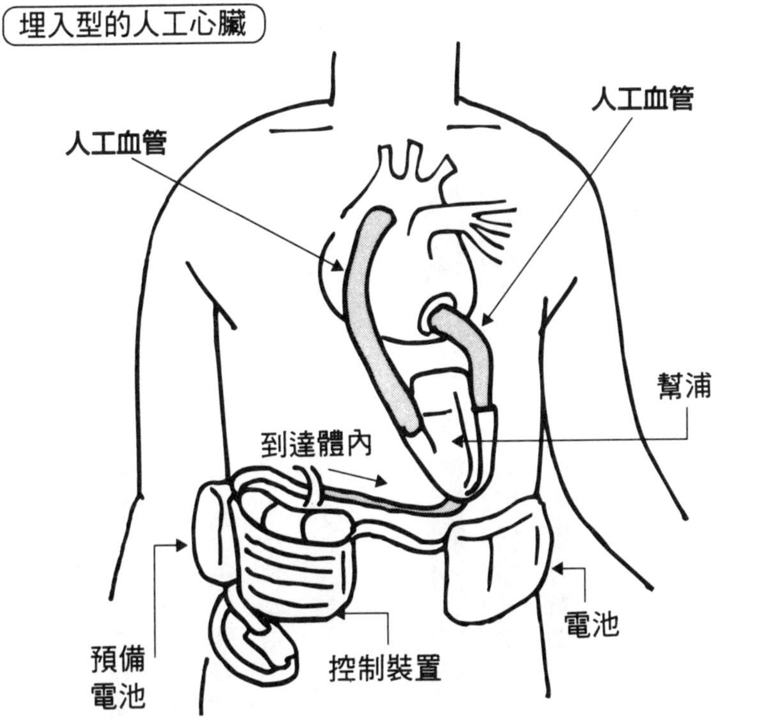
埋入型的人工心臟
人工血管
人工血管
幫浦
到達體內
電池
預備
電池
控制裝置

隨著電子技術的進步，已經可以將人工心臟埋入體內。

藉著基因重組，現在已經改良出不會產生排斥反應的豬。而藉著複製技術增加的方法，目前仍在研究中。

日本通產省從九八年度開始，進行應用細胞培養技術，製造肝臟、骨骼、血管等生物人工臟器的研究計畫，希望確立培養出與實際臟器具有相同立體構造的基礎技術。

以往，細胞是在培養皿中進行平面培養，但立體構造的培養在技術上比較困難。

因此，想出由具有生物適合性的高分子材料製造出來的立體的型來培養細胞，製造出擁有與臟器相同組織構造的方法。這種方法應該可以避免臟器移植所出現的感染症等問題。

7 最尖端癌症治療會變成何種情況？

關於癌症的相關狀況目前所知仍然有限，但是可以對質子線癌症治療、基因治療、音響化學癌症治療等有所期待

◆以「質子」為子彈攻擊癌細胞

根據日本科學技術廳的科學技術政策研究所整理的「技術預測調查」（九七年）的內容顯示，「已經陸續了解會得癌症的構造，但是，在提高治療效果方面卻比想像中困

利用「細胞自毀」的癌症治療

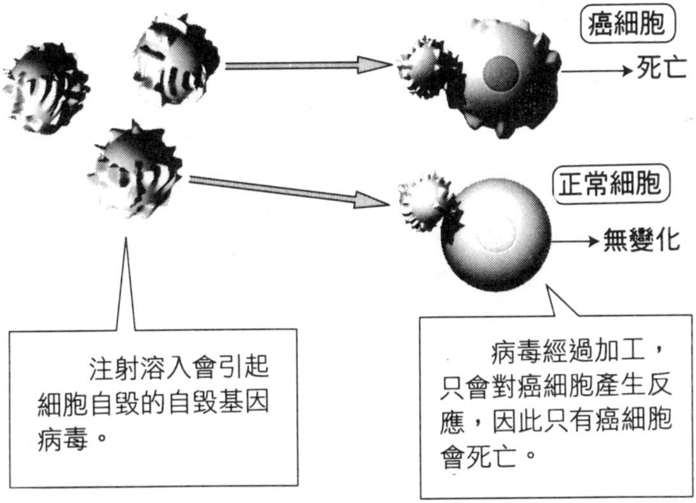
癌細胞
死亡
正常細胞
無變化
注射溶入會引起細胞自毀的自毀基因病毒。
病毒經過加工，只會對癌細胞產生反應，因此只有癌細胞會死亡。

難許多」。

關於癌症的相關狀況，目前所知仍然有限，但也已經開發出一些劃時代的治療法。目前令人期待的是利用質子線的方法。

這和使用X光或γ射線的放射線治療不同，而是使用構成原子的粒子之一的質子來進行治療，以質子做為子彈攻擊癌細胞。

構成物質的原子，是由質子、電子、中子等粒子所構成。將原子加速時，質子會脫出，這就是質子線。X光線、γ線、中子線等其他放射線，其能量不僅會殺死癌細胞，也會損傷正常細胞。

質子線則不同，其產生的能量只能夠到達癌細胞，不會傷及正常組織。以往對於身體深處的癌細胞或是高齡患者很難動手術，但是使用質子線治療法，可以在小損傷的情況下進行治療。

要讓質子脫出，必須利用旋轉加速器等加速器來加速，以光速六倍的速度照射病人的患部。這樣就會形成來自於質子吸收能量、較容易在體內組織產生反應的分子，遏止癌細胞增殖。

◆利用「細胞自毀」的基因治療

蝌蚪變成青蛙之後，尾巴就會消失，這是因為隨著成長，尾巴部分的細胞自動死亡的緣故。我們在母親胎內時，手的形狀如同棒球手套一般，但是，多餘的細胞會自動死亡，形成正常的手的形狀。這類細胞的死亡稱為「細胞自毀」。如果知道細胞自毀的構造而加以應用，也許可以讓癌細胞自毀。

正常細胞的分裂增殖是由基因控制的，控制的基因稱為成長基因。癌細胞是成長基因失去控制力，產生暴動而無限制增殖的細胞。如果為這些細胞安裝自爆裝置，就能停止增殖或死亡。

利用細胞自毀控制癌細胞的方法等新癌症治療技術的研究，目前在大學、企業的研究機構持續進行中。此外，還有利用超音波促進體內局部的化學反應，提高抗癌劑效果的音響化學癌症治療。

PART5

新交通與運輸系統的世界

汽車、船舶、飛機等的智慧化與高速化進展到什麼地步？

◎衛星導航系統是新一代汽車的司令塔
◎利用ITS可以隨意將汽車送到目的地嗎？
◎動力車真的能夠普及嗎？
◎浮磁列車何時實用化？
◎新型超高速船是造船大國日本的王牌
◎新一代超音速運輸機有多快呢？

更快速、對地球更溫和的交通系統未來圖像

如果沒有汽車，我們的生活可能難以運作。但是，建立今日經濟發展基礎的「文明利器」，在二十一世紀卻出現能源問題、環境問題等各種課題。因此，必須開發出對地球更溫和的汽車交通系統。

目前已經實用化的是汽油引擎的低耗油量技術。為了減少成為溫室效應原因的二氧化碳（CO_2）發生源的汽車排放廢氣，開發出稀油燃燒引擎（Lean-burn Engine）、筒內直噴引擎等。日本在這方面具有領先世界的開發技術。

三菱汽車工業在九六年八月開發出搭載直接噴射式汽油引擎「GDI（Gasoline Direct Injection）」的車子，因此，各汽車公司開始競相讓低公害汽車實用化。日產汽車則努力開發日本國內首創的直噴型柴油引擎。

汽油引擎和電動馬達組合而成的「油電混合車」（Hybrid Car），也進入實用階段。豐田汽車、日產汽車銷售搭載混合型系統的車子，本田技研工業也開發同種車子。

以氫和氧產生反應而產生電的燃料電池當成動力的「動力車」，的確是低公害車，但需要充電設備，連續行駛距離較短，因此，大家對於油電混合車的關心度提高了。

●新交通領域的未來技術預測

2007	◎行駛汽車的種類、速度、密度等都能掌控，同時能夠將都市交通流量控制在最適當狀況的道路交通管制系統普及。
2011	◎最高時速500km的超導磁浮鐵路實用化。 ◎搭載只要快速充電15分鐘就能行駛200km以上的電瓶，適合都市內交通流量行駛的電動車普及。
2015	◎高速公路等方面，為了確保安全、消除駕駛疲勞，以及增大交通流量等，利用行駛車輛的誘導控制的自動駕駛普及化。
2016	◎速度3～4馬赫（協和式＜英法共同研製的超音速客機＞的1.5～2倍）、人員300人（協和式的3倍）、於3～4小時內橫渡太平洋的客機能夠開發出來。
2017	◎利用超導等技術，於2日內橫渡太平洋（100節以上）的海上貨物運輸方法開發出來。

編輯部根據科學技術廳『第6次技術預測調查』資料製作

姑且不論「對地球溫和」的觀點，二十一世紀也努力研究「更快速」的交通工具和系統。

鐵路方面，使用磁浮技術的新交通工具的實驗已經完成。飛機方面，通產省工業技術院進行以馬赫為目標的「新一代超音速運輸機用引擎」的研究。船舶方面，則開發出能以五十節超高速奔馳的貨船「TSL（新型超高速船，Technosuperliner）」，研發出能夠得到比電磁力的推力更大的「超導船」。

交通系統智慧化的研究開發在進行中。活用資訊通信技術，可以減少交通意外事故、塞車、空氣污染等汽車所造成的社會副作用，使得道路交通系統能夠成為二十一世紀安全舒適的系統。

例如，在美國加州聖地牙哥市郊正在進行未來交通系統的實驗，九七年夏天開始運作「自動行駛系統」。日本也致力於官民合作的「ＩＴＳ（智慧型運輸系統，Intelligent Transportation System）」的開發。

合理交通系統的實現，需要資訊、電子技術，希望今後的尖端技術在這方面有更進一步的研究。

1 衛星導航系統是新一代汽車的司令塔

利用四種ＧＰＳ衛星計算出現在位置的構造。期待成為未來型交通系統的資訊終端

◆利用衛星確認現在位置

開車時利用螢幕畫面或聲音等確認道路資訊等衛星導航系統已經迅速普及，讓很多人愛不釋手。衛星導航系統是利用來自衛星傳送的電波得知車子位置的系統。因為有在遙遠上空支撐導航系統的衛星，因此，也稱為全球衛星定位系統（ＧＰＳ＝Global

Positioning System）衛星。GPS是美國為了軍事目的而開發的系統，繞行在高度二萬公里的軌道上。

衛星導航系統接收來自四個GPS衛星的電波，藉著各自的發信時間和接受時間差距，算出自己的位置。同時藉著記錄在CD－ROM或DVD的地圖，可以確認到達目的地為止的道路情況。

以往電波在地球上空的電離層或大氣層傳達的精準度較差，位置測定的誤差達一百公尺，差了二、三條道路。但隨著高精密度GPS的誤差補正法開發出來後，差距減少為幾公尺，可以更正確的掌握自己的位置。

目前除了個人利用之外，計程車公司也活用在配車上。此外，宅配運輸車也開始搭載這些系統。

◆藉著附加資訊的充實也可以得到餐廳資訊

為了消除GPS電波的誤差，可以活用FM廣播。像FM東京的三四個廣播電台，已經進行將由GPS傳送來的資料，將FM多重廣播的附加資訊提供給駕駛的服務。藉著設在國內各地的基地台接收GPS電波，確認誤差，修正資料，從FM廣播電台傳送出來。

衛星導航系統的構造

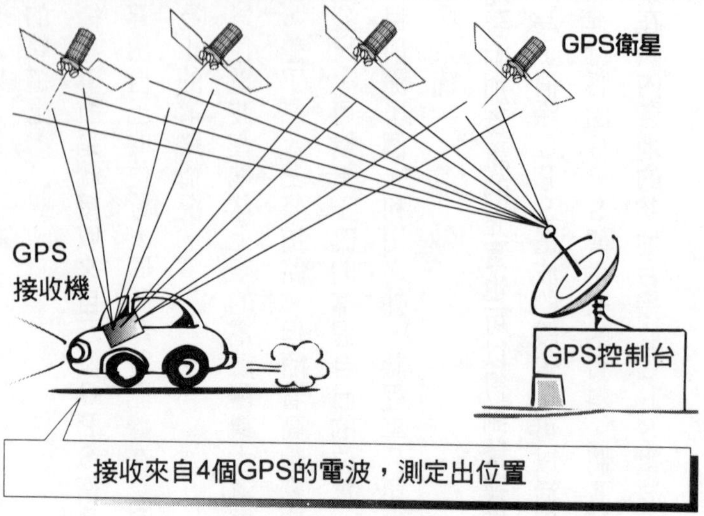

未來除了成為道路嚮導之外，連接ITS（智慧型運輸系統）等通信設施，就可以活用成車載資訊終端，應用在自動駕駛等技術上。此外，除了道路資訊以外，也可以移動其他各種資訊，成為有用的終端機。

豐田等公司將汽車電話和衛星導航系統裝置連結，提供接收塞車資訊等服務。想要知道道路資訊，只要打個電話，藉著連接的衛星導航系統裝置，就可以得到資訊。除了交通資訊外，也可以搜尋停車場、餐廳等資訊。

◆GPS也可以當成迷路時的對策

GPS的定位技術，除了衛星導航系統之外，還可以應用在其他各方面。例如，搭配行動電話讓老年人隨身攜帶，迷路時，利用GPS就可以知道其所在地。GPS的利用方式將會不斷擴大。

2 利用ITS可以隨意將汽車送到目的地嗎？

能夠實踐自動收費系統和自動駕駛系統的未來交通設施。日本已經開始提供VICS的服務

◆資訊網路變更為交通系統

即使手不握著方向盤，車子也能自動行駛到達目的地，而且能夠逐一接收塞車的資訊，選擇最短的途徑——這種未來交通系統ITS（Intelligent Transport Systems＝智慧型運輸系統）的研究，目前在歐美日仍在進行中。

大家都知道最近的汽車搭載了衛星導航系統、電視等各種資訊機器，已經變成智慧型系統。ITS可以進行車輛與道路、車輛與車輛之間的溝通，這些溝通是利用資訊機器來進行的。

將整個道路交通建立的資訊網路化，就可以將預知危險等各種資訊傳入行駛中汽車的資訊機器中，使其採取適當的措施。ITS也設想出各種使用者服務。

①衛星導航系統的高度化。

②自動收費系統。

③對安全駕駛的支援。

④交通管理的最適當化。

⑤道路管理的效率化。

⑥對公共交通的支援。

⑦商用車的效率化。

⑧對行人的支援。

⑨對緊急車輛的運行支援。

其中①是ＶＩＣＳ（Vehicle Information and Communication System＝車輛資訊與通訊系統）的實用化，從九六年開始進行服務。

設置於道路的發信機，加上ＦＭ寬頻廣播，則塞車、施工、意外事故、停車場等資訊，都能即時傳達到行駛車輛的系統中。

已經進入實用階段的是②的自動收費系統，稱為ＥＴＣＳ（Electronic Toll Collection System＝電子收費系統）。在各收費站不須停車，利用金融卡就可以支付費用，能夠解決以往塞車原因之一的收費站擁擠狀況。

資訊化時代的新交通系統

VICS(車輛資訊與運輸系統)

利用設置在道路上的發信機，可以接收到塞車、施工中等各種資訊

ETCS(電子收費系統)

收費站

在收費站出入口設置天線，將費用資料傳送到車載器中，即可收費

ＥＴＣＳ的構造是，設置在收費站的天線和車內的ＥＴＣＳ車載器進行資訊交換，計算出費用，然後課以通行費。通行費用由金融機構自動扣款。

◆不久就可以實現自動駕駛的夢想

ＩＴＳ的研究，最早是在九七年由美國率先開始的。在日本方面，建設省等所支援的汽車、電機、通信廠商等二十一家民間企業所參與的行駛支援道路系統開發機構也已創立，舉國進行ＩＴＳ計畫。今後二十年內，ＩＴＳ在日本國內將會產生五十兆圓的新需求。

期待將來ＩＴＳ會實現即使無人駕駛也能將車子行駛到目的地的ＡＨＳ（Automated Highway Systems＝自動公路系統）。

ＡＨＳ的實現，有賴於在車上安裝感應器或錄影機，方向盤、引擎、剎車等則由電腦控制。因此，加速、減速、車道的保持與變更、維持與其他車輛之間的距離等，可以自動進行。

如此一來，能夠保持一定的車間距離，進行如一整串珠鍊般的集體行駛，交通量可增加為現在的二～三倍。

此外，它的一大優點是可以減少人為的駕駛疏忽，或不注意前方狀況而發生的意外

AHS（自動公路系統）的構造

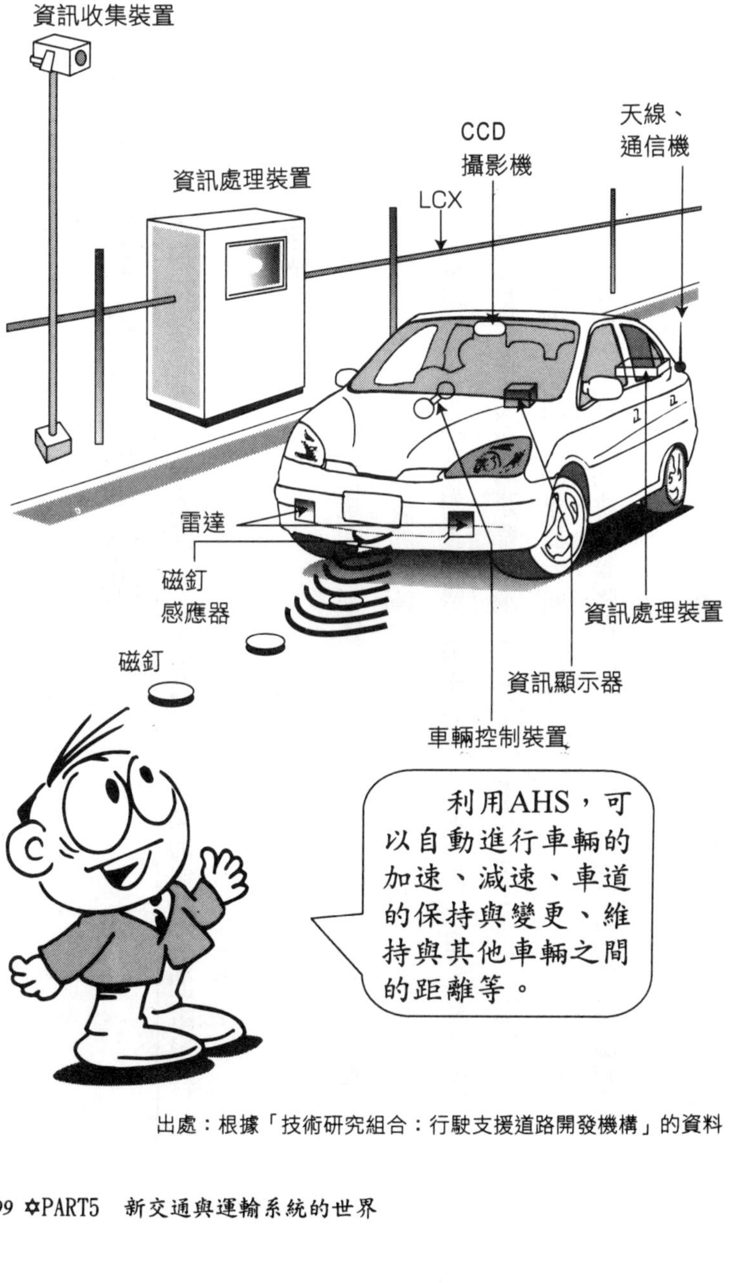

出處：根據「技術研究組合：行駛支援道路開發機構」的資料

事故。九六年，日本建設省土木研究所與民間企業在長野縣上信越公路未開通的部分進行公開實驗。而政府則希望在二〇一〇年將其實用化。

3 動力車真的能夠普及嗎？

因為有成本與行駛距離等技術課題，因此目前注意的焦點是油電混合車

◆車輛排放的廢氣促使地球溫暖化

你在小時候是否曾經坐過塑膠模型汽車呢？塑膠模型車是利用乾電池和馬達啟動。現在，實際的汽車也嘗試利用如塑膠模型般的馬達來行駛。

二十一世紀最大的環境問題是地球溫室效應。溫室效應的最大原因是二氧化碳（CO_2）增加。九七年在防止地球溫暖化的京都會議上，要求日本在二〇〇八～二〇一二年之間，將二氧化碳排出量削減到較九〇年低六％的程度。

日本的二氧化碳排出量中，汽油車的排出量降低約二成。現在期待對於環境溫和的動力車（EV＝Electric Vehicle）登場。

但是，動力車的價格昂貴，而且行駛距離較短，所以，目前還無法普及。

低公害車的性能比較

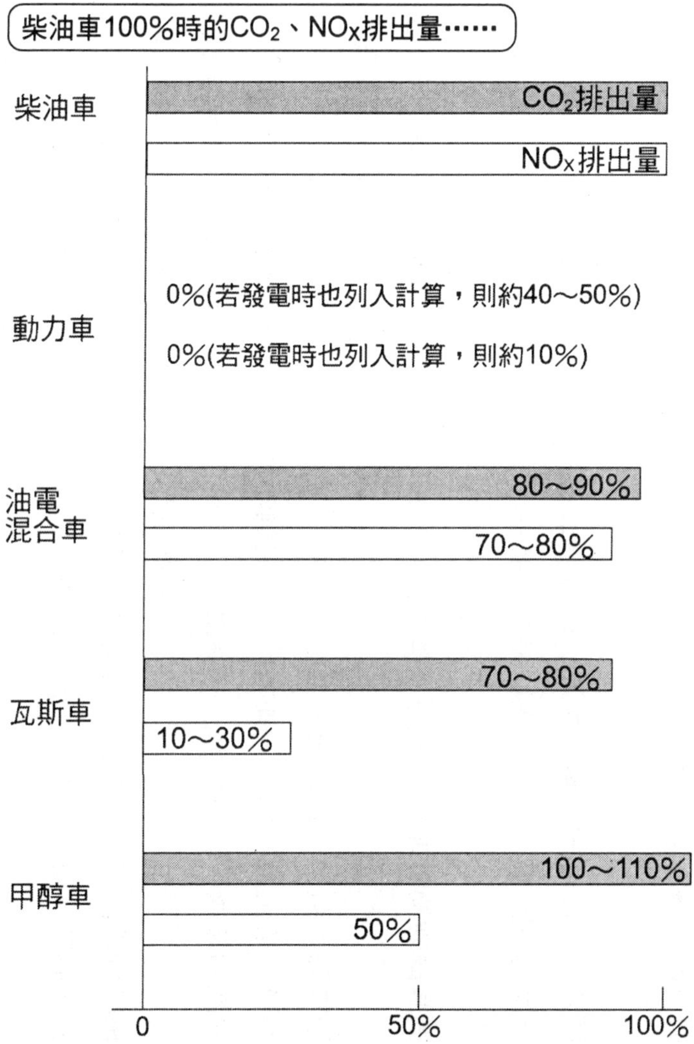

柴油車100%時的CO_2、NO_x排出量……
柴油車
CO_2排出量
NO_x排出量
動力車
0%(若發電時也列入計算，則約40～50%)
0%(若發電時也列入計算，則約10%)
油電
混合車
80～90%
70～80%
瓦斯車
70～80%
10～30%
甲醇車
100～110%
50%
0
50%
100%

◆動力車對地球較溫和，但是……

動力車分為充電式與燃料電池式兩種。充電式主要是使用鉛電池。但是，鉛電池充電一次的行駛距離較短，因此，使用行駛距離較長的鋰電池或鎳氫電池的動力車已經出現。充電式具有可以利用夜間剩餘電力的優點。

燃料電池式則是藉著氫與氧反應產生電的燃料電池為動力來源。氫與氧產生反應變成水，不會有二氧化碳等排放廢氣，是最理想的低公害車，但恐怕還需要一點時間才能夠實用化。最近為了彌補動力車的不足，大家對於「油電混合車」的關心度提高了。

◆利用引擎與馬達的油電混合車

油電混合車是使用兩種以上的動力來源互補缺點，也就是組合引擎與電動馬達來行駛。油電混合車包括「直列式」與「平行式」兩種。

直列式是具備家用發電機的動力車，引擎只用來為電瓶充電，藉此得到動力，使馬達轉動車輪。電池容量不足時，可以藉由引擎發電，因此，解決了動力車行駛距離較短的問題。

平行式則是為了彌補馬達電力的不足，在緩慢駕駛時，只利用電動馬達行駛車輛。當車速增加時，則驅動引擎。只使用引擎奔馳時，馬達也會轉動，因此，在加速或爬坡

油電混合車的構造

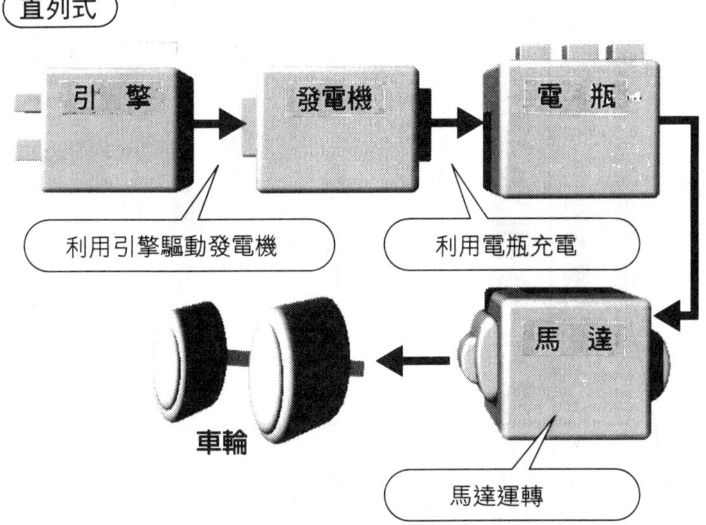
直列式
引　擎
發電機
電　瓶
利用引擎驅動發電機
利用電瓶充電
馬　達
車輪
馬達運轉

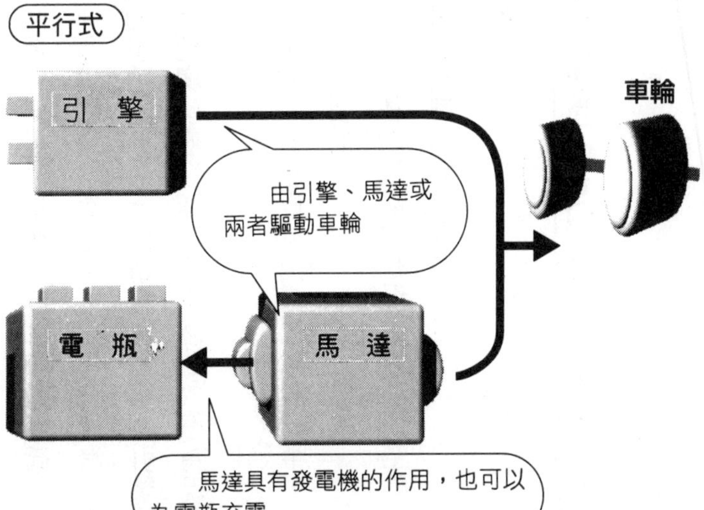
平行式
引　擎
車輪
由引擎、馬達或兩者驅動車輪
電　瓶
馬　達
馬達具有發電機的作用，也可以為電瓶充電

時，可以做為輔助動力。藉此可以避免引擎的高運轉，耗油量比一般車子的更低。

在日本，豐田汽車九七年十二月銷售搭載平行式引擎的車子，九八年日產汽車預定量產採用直列式的示範車。在其他國家，德國的奧迪（Audi）則銷售使用柴油引擎的油電混合車。美國的GM（通用汽車）等三大巨頭則與政府合作，開發燃油效率為現在汽油車三倍的低公害車。

與汽油車相比，油電混合車的汽油消耗量減半，二氧化碳排出量也只有一半，但是價格比較高，所以環境對策、稅制等優惠措施還是必要的。

與油電混合車同時普及的是「直噴式引擎」。以往的汽缸內是混入汽油與空氣，直噴式則是直接噴射汽油，不完全燃燒率很低，可以抑制二氧化碳的排出。

4 磁浮列車何時實用化？

九七年山梨實驗線無人行駛時最高時速達五五〇公里，希望在二十一世紀初期實用化

◆開發新世代新幹線

自九七年春天起，JR西日本新型新幹線「五〇〇系」開始以時速三百公里運轉，

鐵路的速度比較

東京——新大阪間
3小時

光明號(0系、100系)220km/h

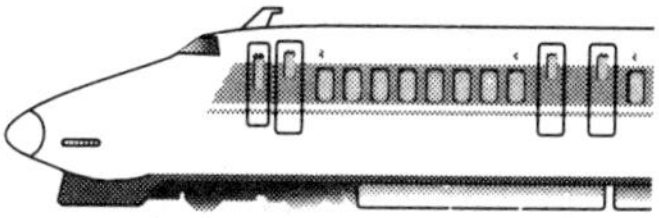

東京——新大阪間
2小時半

希望號(300系)270km/h

新大阪——博多間
2小時17分

(500系・JR西日本)300km/h

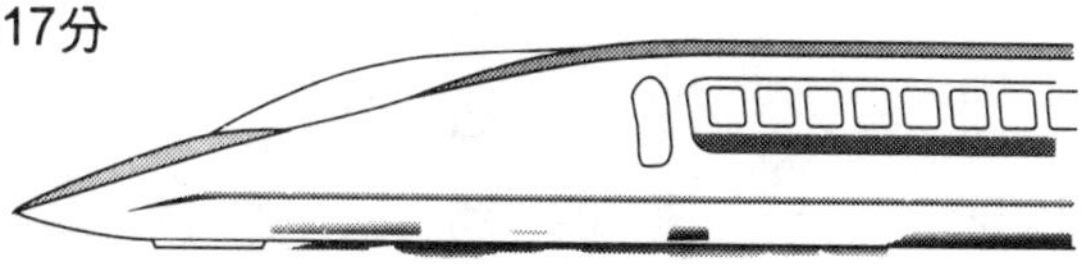

(300X・JR東海・實驗記錄)443km/h

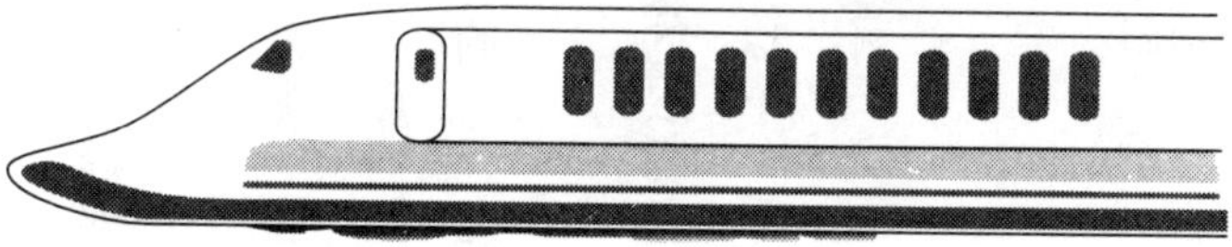

東京——新大阪間
1小時

磁浮列車　550km/h

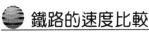

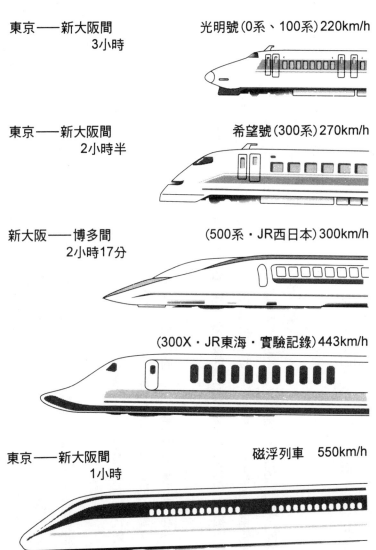

與世界最快的法國TGV（高速子彈列車，「Train Grande Vitesse）並駕齊驅。新大阪—博多之間（約五五〇公里）只要花二小時十七分鐘即可到達，與以往相比，縮短了十五分鐘。接下來JR西日本又開發時速三五〇公里的新世代新幹線，只要二小時就能夠行駛於新大阪—博多之間。

運行於東京—新大阪之間的新幹線JR東海也不落人後。目前開發的新世代新幹線「三〇〇X」，在九七年七月二六日試車實驗締造了時速超過四四三公里的記錄。

三〇〇X的技術是JR東海與JR西日本共同開發的，九九年春天誕生了東京—新大阪之間的「七〇〇系」。

日本的鐵路技術居世界最高水準，但是鐵路有速度的限制。鐵路是利用車輪與軌道的摩擦力來行駛車輛，這個方法的時速受限在四百公里以下。如果速度再高，車輪將會空轉。因此，要與已架設的新幹線、以往的高速化完全不同，必須研究另一種不同系統的高速新幹線。這就是眾所周知的「磁浮列車」。

◆新一代新幹線的主角是磁浮列車

九七年十二月二十四日，JR東海與鐵路綜合技術研究所（JR總研）進行開發的超導磁氣浮上式磁浮列車「MLX〇一」，在山梨實驗線無人行駛的最高時速達五五〇

磁浮列車（JR式）的構造

推進的原理

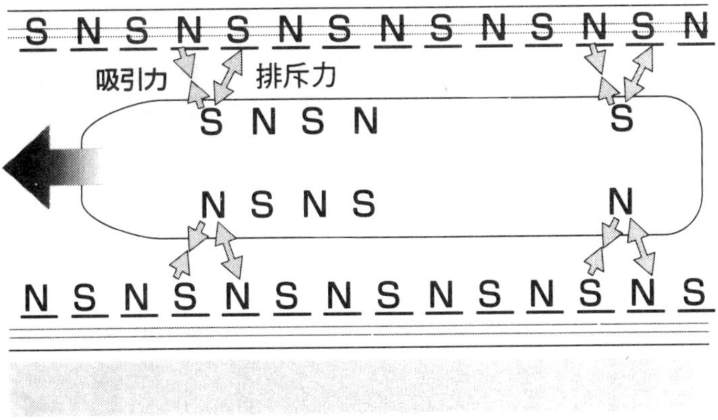

上浮的原理

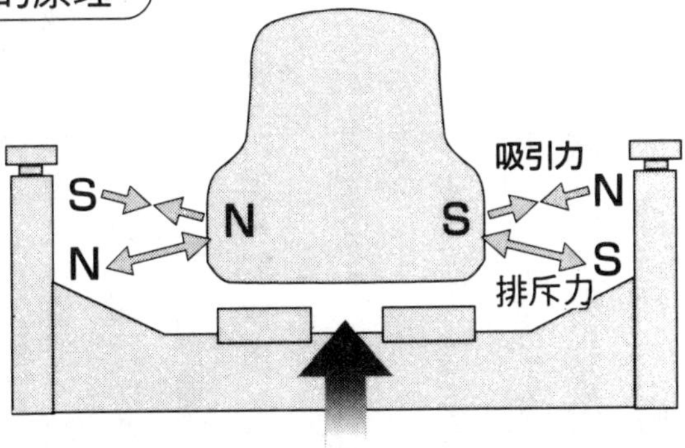

利用磁石的吸引力與排斥力來推進、上浮

公里。

到九九年度為止，JR東海進行了車輛錯車等各種實驗，希望在二十一世紀初期實用化。磁浮列車的驅動是利用強力電磁石。當超導線圈通電後，就會流動永久電流，形成強力電磁石。利用這個原理，讓安裝在相當於鐵路鋼軌的導軌（軌道）線圈通電，與車輛的超導磁石之間產生異極相吸的吸引力、同極相斥的反彈力，即可推進車輛。

此外，在搭載於車輛的超導磁石高速通過時，導軌方面的線圈也會變成電磁石，兩種磁石之間就會產生將車輛往上推（排斥力）、往上吸（吸力）的作用，這時車輛會上浮十公分。

◆東京—大阪之間行駛時間一小時

在東海道新幹線成立的二年前，也就是一九六二年就已經開始進行磁浮列車的研究。七七年以後，在位於宮崎縣的實驗線進行行駛測試。現在則利用預定做為中央新幹線軌道的山梨縣都留市與大月市之間一八・四公里的實驗線測試，陸續進行最高時速達五五〇公里的基本性能、信賴性試驗等，希望達成「東京—大阪之間行駛一小時」的目標。

必須解決的問題是，超導磁石產生的電波對人體的影響，以及風壓（空氣阻力）對策等。為了克服這些課題，初期投資非常龐大，而且也消耗大量的電力。為了調查電磁波的影響，也利用果蠅做實驗。

◆ＨＳＳＴ也在實驗開發中

磁浮列車除了ＪＲ方式外，還有稱為ＨＳＳＴ（地面高速運輸系統，High Speed Surface Transport）的方式。ＪＲ方式是利用超導磁石，ＨＳＳＴ則是使用普通的常電動磁石。與ＪＲ方式相比，速度較慢，但時速也可以達到二百公里以上。將此導入從日本國內任何地方到達成田機場的機場通道的做法，正在檢討中。

在國外，則有像德國柏林－漢堡之間的快速運輸計畫，以及中國上海－杭州之間磁浮列車新幹線的計畫。不過，磁浮列車技術仍以日本居於領先地位。

5 新型超高速船是造船大國日本的王牌

新世代超高速貨船的候補者。一旦實用化後，東南亞會成為「一日運輸圈」嗎？

◆「海洋新幹線」

高科技的結晶、船舶的高速化技術，是造船大國日本為了擊敗勁敵韓國而致力於研究開發的主題。

新世代高速船的後補者很多，例如，利用電磁力得到推進力的超導船，以及氣墊船型或水中翼船型等。不過，在實用化方面，目前日本居於領先地位的是稱為「新型超高速船（TSL）」的新世代超高速貨船。

TSL的速度五十節（時速約九十三公里），貨物載運量一千公噸，續航距離約五百海里（約九三〇公里），即使在波濤萬丈的海洋上也能夠穩定的航行。根據日本運輸省的統計，東京—札幌之間以TSL行進，只要花十三．七小時，卡車需要十六小時，若載貨量達七十％以上，則最後集配成本與十噸卡車相同。

利用TSL，則北海道或九州一部分的宅配隔天可以送達。東南亞地區只要花一～二天即可完成任務，因此也稱為「海洋新幹線」、「海洋高速公路」。

◆有氣壓式與升力式兩種

阻止船舶高速化的是水的阻力。以往考慮到經濟的問題，以時速四十五公里為限。然而，水中翼船或氣墊船已經減少了水的阻力，得到高速化的成果，只是這些方式無法大型化。但是TSL則可以實現高速化與大型化的理想。

TSL是以氣體渦輪引擎為動力，利用噴射水流得到推進力。目前有利用氣壓與浮力支撐船身重量的「氣壓式複合支持船型」，以及擁有水中飛翼的「升力式複合支持船

新型超高速船的構造

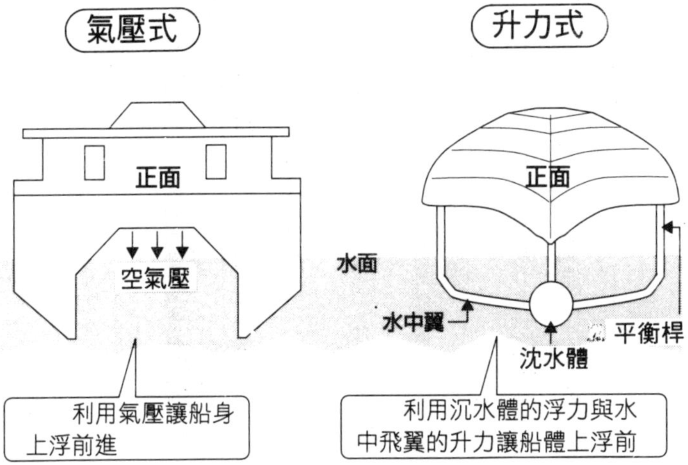

出處：三菱重工業

型」兩種。

氣壓式是由船身下部空洞部分吸入空氣，使船體上浮，減少水的阻力。升力式則是藉由裝設於船身下的「沉水體」的浮力，以及水中飛翼產生的升力，使船身上浮。其浮出水面的部分，只有細小的平衡桿，因此水的阻力較小。

氣壓式節省能源，與國內物流的低成本需求吻合。升力式與船體大小無關，乘坐起來非常舒適，可以做為高速客船來使用。必須解決的課題是，每艘造價達一五〇億圓。

◆成為汽車渡船的實驗船「希望號」在運行中

TSL的實驗船「希望號」，為實用

大小一半大的氣壓式，在九七年四月，由三菱重工業交給了靜岡縣。在波浪達六級的惡劣天候下，搖晃不大，能夠安全行駛，行駛於清水－下田之間只要二小時，可以做為汽車渡船來使用。

在災害發生時，可以做為防災船來利用。時速達四十節，受人歡迎。

6 新一代超音速運輸機有多快呢？

馬赫二・四的新一代超音速運輸機可以橫渡太平洋。掌握實用化關鍵的是低公害型引擎的開發競爭

◆新一代飛機的開發目標是大量運輸、高速飛行

利用飛機的人不斷增加。在這個時代中，飛機開發有兩個主軸，一個是大量運輸，另一個是高速飛行。

大量運輸方面，要比巨無霸的運輸量更大。現在的巨無霸（波音七四七），國內線最多有五五〇～五七〇個座位。Aisbus公司與波音公司希望能增加到一千個座位左右。

另一方面，高速飛行已經開發出新一代的超音速運輸機（ＳＳＴ＝Super Sonic Transport）。

5～6小時即可橫渡太平洋的SST

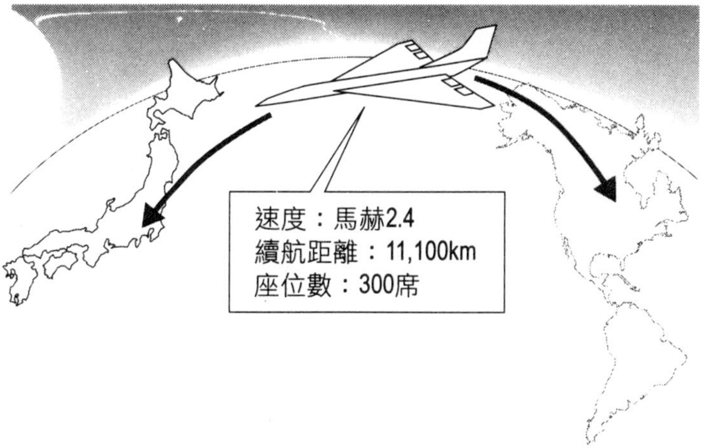

◆當天就可以從美國回來嗎？

以往客機的最高速度保持者是協和客機。

協和客機是英法共同開發的客機，可以產生馬赫二・〇四的速度，但是續航距離只有六六〇〇公里，無法橫渡大西洋。新世代超音速運輸機速度可以達到馬赫二・二～二・四，續航距離可以延伸到一萬一千一百公里。

成功之後，只要五～六小時就可以橫渡太平洋。可以在紐約的曼哈頓用餐、欣賞歌劇，然後在當天回到東京。

新世代超音速運輸機必須要解決的問題之一，就是機身的材質。若要達到馬赫二・四的速度，則由於空氣阻力，機身會發熱到將近二百℃左右。而目前客機所使用的鋁合金無法忍耐這種熱度。

此外，考慮到經濟問題，新世代超音速運輸機機身的輕量化是不可或缺的。因此，三菱重工業、Toray、三井化學共同開發輕且堅固的碳纖維複合材料。

◆歐美日廠商在引擎開發上互相較勁

新世代超音速運輸機的開發，除了機體材料的開發外，也必須開發出噪音較小、同時抑制可能會破壞臭氧層的氮氧化物（NO_x）排出量的引擎。

戰後不久，日本因為不能開發武器，所以與歐美相比，飛機的開發大幅落後。現在於通產省的支援下，石川島播磨重工業、川崎重工業、三菱重工業三家公司於二〇〇三年共同致力於開發新世代超音速運輸機的引擎。通產省與這三家公司希望能夠開發出馬赫五等級的引擎。

歐美方面，美國通用電子、美國聯合科技、英國勞斯萊斯等，也致力於新世代超音速運輸機用引擎的研發。

希望掌握國際共同開發主導權的「空中作戰」，在各國之間已經展開了。

PART6

環境與能源技術的世界

成為話題的生態相關技術的構造與作用

◎資源量無窮無盡的再生能源
◎垃圾發電能夠利用香蕉皮進行乾淨的發電嗎？
◎核聚變的研發進展到什麼地步？
◎防止地球溫暖化的CO_2分離與固定化技術
◎利用微生物的力量淨化環境的生物環境淨化
◎今後要追求逆向製造的想法

生物科技可以解救地球嗎？

一九九七年十二月舉辦的「防止地球溫暖化京都會議（COP3）」，有一百五十多個國家參加，是大型的國際會議。

環境問題的對象是二氧化碳（CO_2）與氟氯碳化物導致地球溫暖化，以及臭氧層遭到破壞等地球規模的事情。

另外，還有垃圾處理、水質污染等身邊問題，範圍極廣，都是與我們的日常生活及地球生態系統的維持休戚相關的課題。而這些問題該如何解決呢？

最近大家經常聽到能源（Energy）、環境（Environment）、經濟（Economy）的名詞，取其開頭字母合稱「三E平衡」。也就是說，不要分別掌握這三大要素，而要使其相互之間產生關連，選擇最佳的平衡。

但實際上，個人追求舒適的生活，而企業則拚命的擴大生產，使得電力等能源需求持續增加，結果造成成為地球溫暖化原因的二氧化碳排出量增加，產生大量的廢棄物。為了處理廢棄物，而產生戴奧辛等公害問題。

為了解決環境問題，當然必須要向經濟至上主義告別。同時，以降低對環境的負荷

●環境與能源領域的未來技術預測

2006	◎利用垃圾的廢棄物衍生燃料（RDF），使得垃圾發電系統普及。
2012	◎對於不需要製品的回收、處理，對於製造者施以法律責任規定。使用材料幾乎都可以再利用的設計、生產、回收、再利用系統普及。
	◎發電設備成本為100圓／瓦以下的太陽能電池實用化。
2014	◎開發出將二氧化碳貯藏在3,000m以下深海中的技術。
2018	◎湖沼、內灣等封閉水系的環境惡化的問題，利用生態系或生物機能開發環境修復技術，幾乎可以完全去除污染負擔的系統實用化。
	◎非石化能源（風力、地熱、太陽能、熱、廢熱）在家庭、產業、運輸等各方面都相當普及。
2026以後	◎開發核聚變發電爐。

編輯部根據科學技術廳『第6次技術預測調查』資料製作

並保全環境為目的的技術開發也很重要。

關於這一點，日本的汽車產業已經釐清排放廢氣等高度環境基準，努力確保在世界市場的高競爭力。

此外，太陽能發電或風力發電等「再生能源」的利用已經加速化，而「CO_2分離與固定化技術」的開發也已經起步，這都是可喜的現象。

隨著可以在土壤中自然分解的「生分解性塑膠」的開發，或藉著微生物力量淨化遭化學物質污染的土壤的「生物環境淨化」

研究等，期待生物科技對於解決環境問題有所貢獻。近年來有「環境產業」的說法。今後的產業活動必須適用「對環境溫和」的新基準。

取得稱為「ISO一四〇〇〇系列」的國際環境規格，今後對企業而言將更具重要性。物品製造以稱為「逆向製造」的資源回收為前提，這也是理所當然的事情。

此外，也要注意到環境產業的資源供給產業。

現在，已經從以往的廢棄物處理進步到藉著焚燒垃圾進行發電的「垃圾發電」。廢棄物處理及資源回收的推進，可以確保新的「國產資源」。

1 資源量無窮無盡的再生能源

取代化石燃料的新能源是太陽能、風力、海洋能源、地熱、生物能源等

◆備受注目的再生能源

我們的生活十分依賴石油。石油不僅做為燃料來使用，也是各種石化製品的原料。但是石油的蘊藏量有一定的界限，石油枯竭之日終將到來。

目前預測大約在二〇二〇～三〇年之間石油會消耗殆盡，天然氣則在二〇四〇年左

太陽能發電的構造

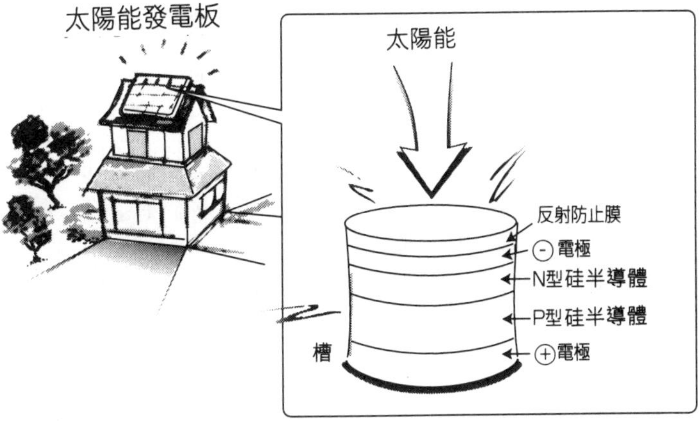

太陽能發電是藉由電子在N型與P型之間流動而產生電

右，其後就算能夠發現新油田，恐怕都是一些挖掘費用龐大的地方。

以石油為代表的石化燃料（礦物燃料）等，一旦燃燒就無法復原。而現在成為新能源備受注目的，就是太陽能、風力、海洋能源（海洋溫差、波力、潮力）、地熱、生物能源等。這些是在地球自然環境中反覆產生的現象中可以得到的能源，因此，資源量無窮無盡，也稱為「再生能源（Renewable Energy）」。

九五年新能源供給實績，以石油換算，大約為二百萬千升，只不過佔一次性能源總供給量的〇・三%而已。但是到了二〇一〇年時，將成長為一九一〇萬千升，目標為總供給量的三%。

◆不斷普及的太陽能家用發電系統

所謂太陽能發電，是將照射到地球的太陽光藉著太陽電池的作用直接轉換為電力的發電系統。太陽能發電的心臟部位是硅半導體。為P型硅半導體（帶有正電的性質）與N型硅半導體（帶有負電的性質）二層疊在一起的構造。一旦太陽光照射時，硅電子得到能量而位移，就產生了電。電流就是電子的流動。

目前，太陽能電池大致可以分為硅單結晶或多結晶所形成的結晶系，以及利用薄膜形成的非晶質系，各自分別使用。但是太陽能發電的主流是結晶系。與非晶質系相比，結晶系的成本較高，轉換效率（將光能轉換為電能的比率）較高（十五%左右）。

最近值得注意的動向是，三～四千瓦的家用太陽能發電系統的普及。這是在陽光充足的地方，於屋頂架設太陽電池板，將發電的直流電利用變電器變換為交流電，可以提供一般家庭電力的系統。九二年，電力公司採取利用銷售費購買導入系統的家庭多餘電力的制度。

家用太陽能發電系統的問題在於價格昂貴。目前三千瓦需要三百～四百萬圓，已經下降為導入系統之初的三分之一左右。如果利用國家的監控制度，可以得到三分之一的設置費用補助，能夠稍微減輕負擔。今後隨著系統的普及以及藉此達到的量產效果，希

海洋溫差發電的構造

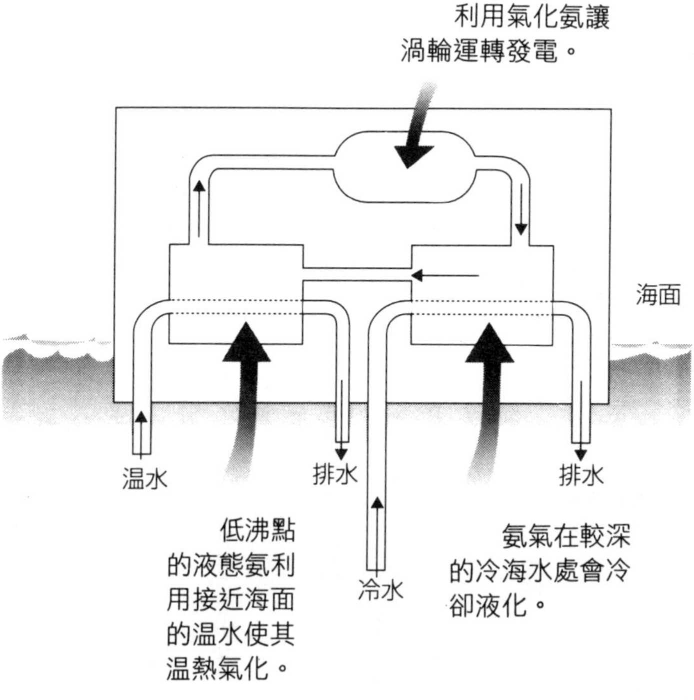

利用氣化氨讓渦輪運轉發電。
海面
溫水
排水
排水
冷水
低沸點的液態氨利用接近海面的溫水使其溫熱氣化。
氨氣在較深的冷海水處會冷卻液化。

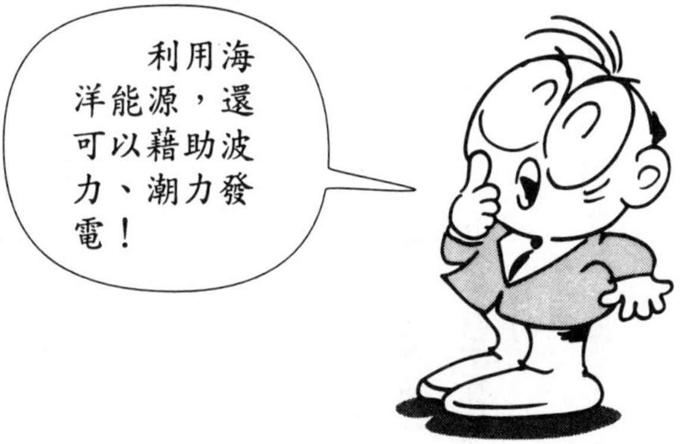

利用海洋能源，還可以藉助波力、潮力發電！

望能將三千瓦的電費下降到一百萬圓左右。

日本通產省導入計畫的發電量換算，希望在二〇〇〇年時從四萬千瓦擴大到四十萬千瓦，到二〇一〇年擴大為四六〇萬千瓦。希望到二〇一〇年時可以設置在一百萬戶的家庭。

◆正式運行的風力發電

使用風力能源，當然會遇到風向、風速不穩等利用方面的難題，但這是無公害的自然能源，因此也致力於使其實用化。

到九五年末，風力發電在日本全國設置台數約五十五座，額定輸出達一萬二千千瓦的規模。目前最大的規模是東北電力實證試驗的一環，也就是青森縣龍飛崎設置的「龍飛風力公園」，二七五千瓦的有五座，三百千瓦的有五座，共計擁有二八七五千瓦的發電力。

此外，山形縣立川町展開振興村里事業的一環「立川町風車村構想」，設置了三座一百千瓦的設備，提供町內運動設施等的電力。

風力發電設施的設置條件，必須是平均風速秒速五公尺以上、標高五百公尺以上、傾斜五度以下，但自然公園特別保護區等土地利用面積受限的場所除外。政府的導入目標為二〇〇〇年度二萬千瓦，二〇一〇年度為十五萬瓦，數字相當保守。

發電成本方面，九三年時，一千瓦／小時為四十五圓，九五年下降為十八圓，接近購買剩餘電力的單價。

◆乾淨海洋溫差發電

海洋佔地球表面積的七十%，海洋能源的研究目前也在進行中。海洋能源包括海洋溫差、波力、潮力等，尤其當做乾淨能源，可供發電。最能夠實用化的是，海洋溫差發電，亦即是利用海面與深海的水溫差進行發電。

通常接近海面的水溫為三十℃左右，比較高，但是在水深五百公尺為五℃左右，溫度相當低。以液態氨等低沸點為媒介，利用溫海水加溫成為氣體，可使發電渦輪運轉。使用後的氣體藉著冷海水冷卻，再度變回原來的液體，就能夠再循環進行發電。

東京電力在諾魯共和國連續運轉一百千瓦，九州電力也成功的在沖繩縣德之島連續運轉五十千瓦。這種發電方式對島國日本而言是最適合的。但是意外的，適合的地方卻很少，而且變換效率較低，並不是令人期待的技術。

◆地熱發電適合火山國日本嗎？

大家都知道日本是世界少數的火山國。火山所帶來的能源非常龐大，據說在日本地下二公里以內有二五〇〇萬千瓦的地熱資源。地熱發電就是利用這種長眠於地下的地熱來進行發電的方式。

通常，利用地下岩漿的熱加熱的地下水層（地熱貯留層）會噴出蒸氣，而利用其壓力可以使渦輪運轉。

九七年二月，日本國內有十六處地熱發電場，發電量突破五十千萬瓦。政府預估到二〇一〇年的發電量應可達到二八〇萬千瓦，亦即今後十多年還要增加二百萬千瓦以上才行。

地熱發熱的問題是，選定的地點地處偏僻，開發費與建設費較高。而且大多架設在國立公園中，所以，從擬定計畫到開始運轉為止恐怕要花十五年的時間，這也成為成本增加的重要因素。

另一個問題是，在開發初期就必須評估地熱資源的埋藏量，但伴隨著發電，很難正確掌握地熱貯留層的變化。目前既存的地熱發電廠，已經發生無法形成理想溫度、壓力的水蒸氣的情形。因此，擁有正確掌握、預測這些看不見地下層變化的技術非常重要。

在沒有地下水的地方，將水送到地下的高溫部即會產生蒸氣的「高溫岩體發電」，以及利用在一百度低溫熱源下即會沸騰的氨的「二元發電」等，也納入發電方式的考慮

地熱發電的構造

火山
渦輪
蒸氣
利用地熱
貯留層噴出的
蒸氣讓渦輪運
轉發電。
岩漿池
地熱貯留層
（利用岩漿的熱加熱的地下水層）

之中。

2 垃圾發電能夠利用香蕉皮進行乾淨的發電嗎？

利用垃圾製造的廢棄物衍生燃料（RDF）燃燒後發電。在處理垃圾階段去除了不燃物，也可以當成有效的戴奧辛對策

◆燃燒垃圾產生可怕的戴奧辛

劇毒物質戴奧辛，是在垃圾焚化爐燃燒聚乙烯、氯乙烯等氯化物時產生的物質。現在垃圾問題已經威脅到我們的健康了。

目前引進垃圾處理方式，既可以防止戴奧辛的發生，同時也可以製造出發電能源，具有一石二鳥的功效。

其方法有兩種，一種是有效利用有限資源，包括回收舊紙等的「材料資源回收」，另一種是有效利用燃燒紙之後的熱，即「熱資源回收」。

將熱轉換為電力的「垃圾發電」屬於後者，這也是將廢棄物處理及資源有效利用的典型例子。其中值得注意的新技術是「廢棄物衍生燃料（Refuse Derived Fuel，簡稱RDF）發電」。

廢棄物衍生燃料（RDF）的製造法

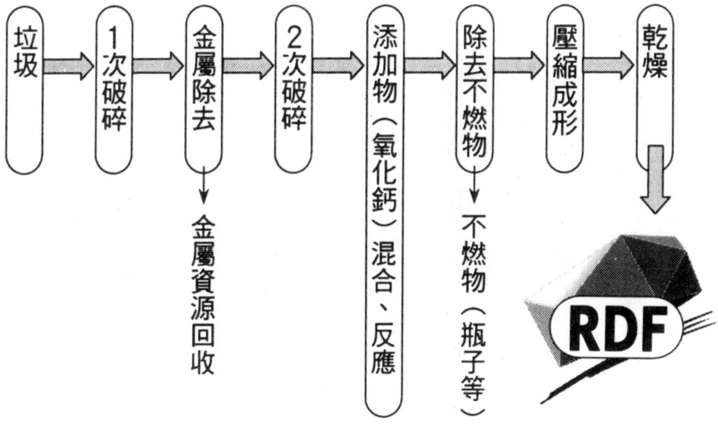

◆利用垃圾製造出來的固體燃料發電

RDF發電是將從家庭中拿出來的垃圾粉碎、乾燥後，壓縮成五分之一左右容積的棒狀固體燃料，將之用來發電。在垃圾處理階段，去除了不燃物，因此，燃燒氯化物時會產生戴奧辛的問題可以藉此而加以預防。一公斤可以得到四千～五千千瓦接近煤的熱量，這是它的一大優點。

在有效利用垃圾發電方面，目前實績較少的「氣化熔融發電」也是值得期待的技術之一。垃圾燃燒後會生成碳和氣體，可以利用餘熱讓發電用渦輪運轉。燃燒後的灰熔化變成爐渣，具有玻璃性物質，可以應付焚化爐不足的問題。

以往垃圾焚化爐的發電系統，是藉著燃燒垃圾時的熱產生蒸氣，運轉渦輪而產生電。將這種發電方法稍加改良，藉此提高發電效率的研究在進行中。日立造船建設於群馬縣高濱發電廠的「超級垃圾發電」即其中之一。垃圾焚化爐產生的蒸氣，以其他的燃氣渦輪機再加熱，就能更有效的利用蒸氣能源。

◆關鍵在於如何提升發電效率

在日本，垃圾本身的發電效率只佔十五％左右，並不高。這是因為燃燒時的溫度太高，產生的氯化氫會讓鍋爐的管子受損，因此，蒸氣溫度無法達到三百℃以上。

若能提高鍋爐的燃燒溫度，開發出不會損害其持久性的鍋爐管材料，或是繼續開發以往的熱回收、發電工程加上氨水來提高發電效率。則理論上應該是可以得到五十％的發電效率。

3 核聚變的研發進展到什麼地步？

與放射能污染無緣的乾淨能源。美日歐俄四極共同進行的國際熱核實驗反應爐的建設計畫已經展開

◆利用與太陽相同的原理產生能源

自古以來，人類對於給予我們無限恩惠的太陽抱持著敬畏之心。但如果能夠得到更豐富的能源，那該有多好，如今這個夢想實現了。

核能發電是利用核聚變產生的能源，而「核聚變發電」則是利用熔合原子核產生的能源。事實上，太陽就是藉著核聚變而產生能源。

所謂核聚變，就是輕的原子核之間互相衝撞合體，形成更重的原子核的反應。所有原子當中最輕的是氫，二個氫原子產生核聚變時會形成氦。原子核合而為一時會產生大量的熱。核聚變發電就是將此能源利用在發電上的方法。

◆一公克的混合氣體可以產生八噸石油分量的能源

目前，核聚變發電的研究是使用重氫（氘，D）與超重氫（氚，T）的核聚變。

一般氫的原子核只由一個質子構成，但是重氫則加上一個中子，在海水中存在著一定的比例。因為比普通的氫重，所以稱為重氫。超重氫則是加上二個中子。

重氫和超重氫的混合氣體以高溫高壓封住，利用雙方原子核合而為一時的能源，則僅僅一公克的混合氣體，就可以產生相當於八公噸石油的龐大能源。

核聚變能生成如此大量的能源，並且是利用海水中所含的重氫，資源取之不盡，具有極大的魅力。

此外，核能發電會出現伴隨核裂變反應的放射線外洩或放射性廢棄物的問題，但核聚變後所發生的，則是與放射能污染完全無關的氦與中子。

若能實現核聚變發電的夢想，則將誕生人類史上最乾淨且最大量的夢幻能源。

◆該如何封閉一億℃的等離子體

物質的狀態有氣體、液體、固體三態，以水（H_2O）為例，分別是蒸氣、水、冰的狀態。但是，除此之外還有一種，叫做等離子狀態，亦即是構成原子的原子核與電子散開的狀態。

引起核聚變需要在一億℃的高溫下形成等離子體狀態。亦即是一立方公分需要在一百兆個的密度下封住一秒以上。核聚變最大的技術課題，就是如何將等離子體封在一處。

以太陽來說，藉著強大的重力即可留住等離子體。而地上的核聚變，則必須以人工方式製造出強力磁場圍欄將其封住。其中的主流就是以前俄國所想到的托卡梅克（Tokamak）型。這是利用磁場線圈圍繞呈甜甜圈狀的核子反應堆周圍的方式，目前仍在開發中。

◆國際性實驗爐建設計畫

日本、美國、歐洲、俄羅斯四極共同參與的國際熱核實驗反應爐（International Thermonuclear Experimental Reactor，簡稱ＩＴＥＲ）的建設計畫成為主要計畫。

核聚變反應的構造

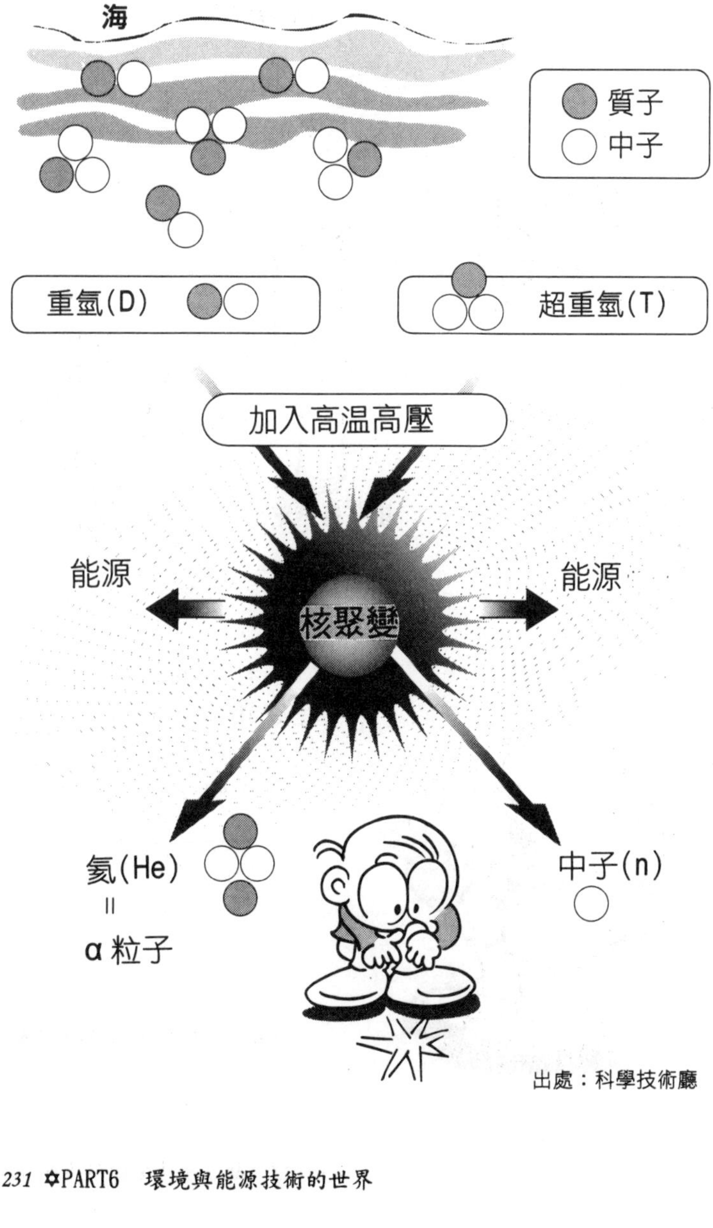

出處：科學技術廳

核聚變發電爐的構造

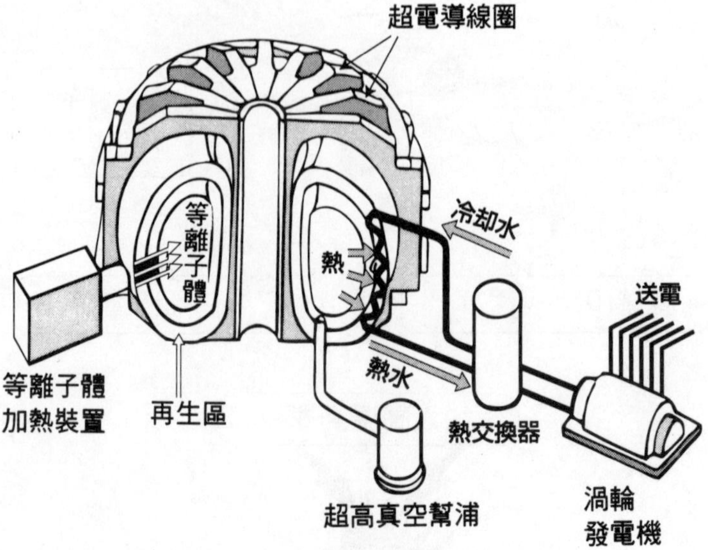

出處：日本核能文化振興財團

在建設開發時期，一兆圓規模的建設費用分擔問題並未完全溝通好，而且又在當初預定的九八年後半期延後了三年。建設候補地點包括從日本境內到北海道苫小牧市、青森縣六個村落、茨城縣那呵町的三個自治體等。

科學技術廳在九七年發表的「技術預測調查」，提出「核聚變發電爐的開發」的實現預測時期為二〇二六年以後，雖然目前尚未正式完成，但核聚變發電爐的研發的確在進行中。

核聚變堪稱「最後的能源」、「地上的太陽」，也許夢想的實現會提早到來。

4 防止地球溫暖化的CO_2分離與固定化技術

石化燃料大量消耗使得CO_2不斷增加。要求低成本並有效加以處理的技術

◆排出遠遠超出地球自淨作用的CO_2

地球溫暖化的元兇二氧化碳（CO_2）的問題已經不容忽視了。

有人說，到了二〇三〇年，地球的平均溫度會上升一・五～四・五℃，極地的冰會溶化，海面會上升二十～一二〇公分。

地球本來具有吸收CO_2的自淨作用。例如海藻、植物浮游生物、珊瑚等海洋生物的功能，一年可以吸收三十億噸（碳換算）的CO_2。

但是，近年大量消耗石化燃料，排出遠遠超出地球自淨作用的CO_2。以日本為例，每人的CO_2排出量（碳換算）一年為二・四三噸。

CO_2對策，就是我們每個人要抑制排出量，採取「入口對策」。但是，將排出的CO_2處理掉的「出口對策」也很重要。也就是說，排出CO_2之前，從排放廢氣中將其分離、固定化的技術開發很重要。「CO_2分離、固定化技術」，是希望以低成本的做法有效的將產生的CO_2加以分離、固定化。

◆利用活性碳等使其從排放廢氣中分離出來

分離技術包括①化學吸收法，②物理吸附法，③膜分離法。

①是利用氨系溶液與排放廢氣接觸，將CO_2吸收到溶液中的方法。關西電力利用這個方法，一天回收二噸CO_2的實驗計畫正在進行中，確認排放廢氣中有九成的CO_2可以回收。

②是以活性碳或多孔質體的沸石做為吸附劑來回收CO_2。東京電力等九家電力公司採用的是將沸石加工成蜂窩狀的構造，成功的將回收所需要的能源消耗量抑制為以往所

將CO_2封在深海中

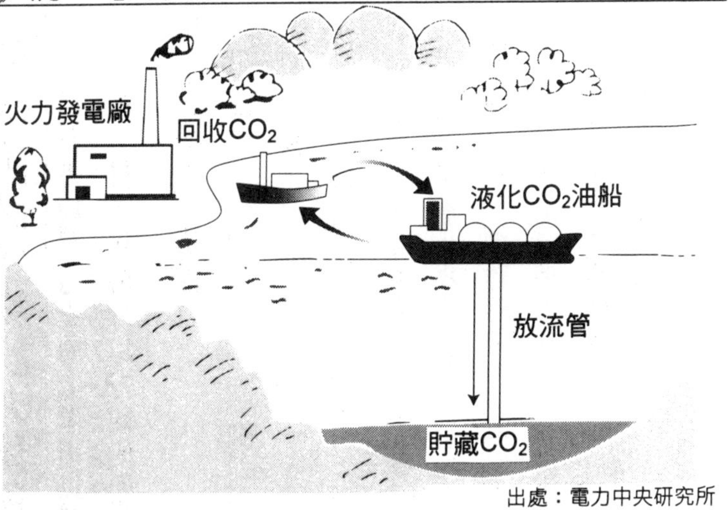

出處：電力中央研究所

使用方法的一半。

③則是利用氣體的滲透速度差來分離CO_2。

◆將CO_2變成冰糕狀扔到海中

處理分離出來的CO_2的固定化技術，包括接觸氫化法、光電化學法、光合成利用法等。目前也考慮到海洋丟棄法等。

這是利用CO_2液化、冷卻時會變成冰糕狀的性質。CO_2承受壓力液化，在深海保持五℃時，會變成冰糕狀的化合物，可以將其封在海底。九七年春天使用這個方法，進行了將CO_2封在水深一千公尺以上深海中的國際計畫。

5 利用微生物的力量淨化環境的生物環境淨化

被有害物質污染的土壤可以藉著微生物的力量分解，使其無害化的技術。日本也進行這方面的研發

◆使用微生物來淨化環境

人類不斷的污染地球，現在計畫利用微生物來收拾善後，這就是稱為「生物的環境淨化」的環境淨化法。

最近成為話題的「環境荷爾蒙」，是我們人類所生產的物質污染了大氣、水、土壤而造成的。尤其是化學物質，大多很難在自然界中被分解，非常麻煩。

但是，有幾種微生物中能夠分解較不易自然分解的化學物質，如果這類微生物在受到污染的場所增加，則雖然會多花點時間，但的確可以讓化學物質減少。

目前，在下水道處理方面實際利用這個方法。

以能夠分解化學物質的微生物淨化環境的方法，最初是在歐美開始進行研究。現在日本則以環境廳為後盾進行研發。

微生物分解有害化學物質

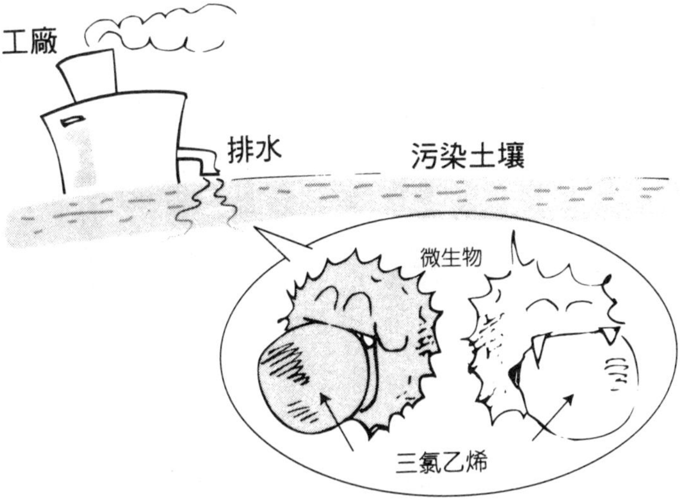

◆能夠分解戴奧辛的菌類

現在研究的是能夠分解三氯乙烯的微生物。三氯乙烯是電子零件等科技零件工廠排放出的氯系化合物。

有些微生物可以分解掉這種毒性化學物質。現在由荏原、日本總研、Organo、竹中工務店、熊谷組、住友金屬礦山、同和礦業、日立金屬等八家公司所協助的「生物環境淨化國際財團」組織正在進行實驗。

目前已經發現能夠分解三氯乙烯以外的化學物質的微生物，所以，生物環境淨化的實現性極高。此外，也發現能夠分解戴奧辛的菌類。

為了有效進行生物的環境淨化，光是

遍撒微生物還不夠，同時也要製造微生物容易棲息的環境，送入新鮮的空氣及營養，幫助其增殖。

◆利用生化科技的力量提高微生物的分解力

此外，生物的環境淨化，也可以應用生物科技。分解化學物質需要微生物製造的酵素。若能特定出製造這種分解化學物質酵素的基因，那麼，只要將該基因植入其他微生物中，就能夠進行品種改良，得到具有更強大分解力的微生物。

目前生物的環境淨化問題在於要花較長的時間才能夠分解化學物質。在經由生物科技得到具有強大分解力的微生物後，就可以克服這個問題。

6 今後要追求逆向製造的想法

物品製造從大量生產、大量廢棄型的生產過程，變成可以回收為前提的環境型

◆脫離大量生產、大量廢棄型的生產過程

有些動物很會資源回收，例如寄居蟹不是自己製造殼，而是撿拾其他貝類的殼，寄居在裡面。都市中的烏鴉似乎也會從垃圾中收集鐵衣架，掛在電線桿上築巢。我們應該學習這些動物的智慧。

最近，有些企業也開始回收自己所生產的製品，盡可能再利用。例如，汽車產業方面盡量統一規格，那麼，報廢車輛的零件就可以再利用。

想要努力保護地球環境，有效活用資源，就必須重新評估以往的生產系統。產業界目前已經開始脫離大量生產、大量廢棄型的生產過程，目標指向以資源回收為前提的循環型的商品製造。

因此，產生了「逆向製造」的構想。

◆以資源回收為前提的物品製造

各位你可能沒有聽過「逆向製造」這個說法。這個詞是來自英文的Inverse Manufacturing。

逆向製造的目標是脫離以往的「製品的設計→生產→消費→廢棄」的生產過程，改成「回收・分級→再利用→生產」的相反過程，致力於製品的商業循環。

具體來說，就是在設計階段即考慮到資源回收的問題，將構成製品的零件或材料規格化、標準化，這樣就可以反覆多次利用。

九二年十二月以前東大校長吉川弘之為主的成員，集結了政官學界人士，設立「

逆向製造的想法

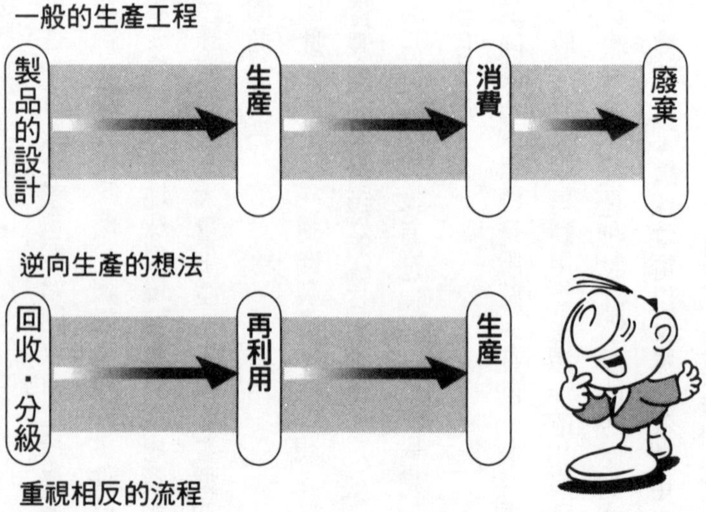

Inverse Manufacturing Forum」。

◆拋棄式照相機是逆向製造的模範

率先運用「逆向製造」想法的是「附帶透鏡的底片」。

這種照相機在銷售之初稱為「拋棄式照相機」，普及之後，開始注意到用拋棄的問題。製造廠商開發了再回收自動化系統，將資源正式再生。現在隨著後來的設計改良，回收率達九十%左右。

這就是將「拋棄式」的物品當商品再銷售的逆向思考。

這種對應方式也應用在汽車、電腦、鋁罐等各業界。豐田汽車甚至提出目標，希望汽車回收率達九十%。

PART7

尖端技術的世界

概觀機器人及宇宙開發等未來型技術的構造

◎人型機器人與人類有多相似？
◎人工智慧的研究進步到什麼地步？
◎摩天大樓會高到1000公尺嗎？
◎何時能夠實現宇宙開發？
◎微機械可以實現『微觀決死圈』嗎？
◎深海是能源、礦物資源的寶庫

SF的世界將實現！尖端技術的現在與未來

生病不必再動切開手術，只要注入小的機器即可完成治療。每戶人家都有一台當做僕人用的機器人。在人口過密的都會，大家住在離地面一千公尺的摩天大樓中。在遙遠的上空，可以藉由太空梭往返太空站與月球表面基地之間。

本書最後一章要介紹只有在科幻電影世界才看得到的未來型技術，它具有開拓新領域的意義，因此稱其為「開拓技術」。

本章特別值得注意的是「微機械」與「人型機器人」。

以往的電子系統不斷小型化、細微化，變得輕薄短小，機械系統則依然維持重厚長大，兩者之間的系統彼此分離、失調。而微機械則是可以解決這個問題的開發主題。

機械開發的最終目的是「能夠接近人類的機械」。以往的機械系統僅止於「似人非人的機械」。因此，由本田技研工業開發的人型機器人「P2」的登場，掀起極大的震撼。隨著模仿人腦的電腦「人工智慧」技術的進步，要誕生與人類具有相同能力的機器人並不是夢想。

在建築、宇宙及海洋開發等巨大系統上的未來型技術，都是夢幻主題。這些領域在

●尖端技術的未來技術預測

2011 ◎水深10,000m用的海中資源探查機器人實用化。

2014 ◎具有視覺、聽覺及其他感應機能，能夠自行判斷外界狀況、自動決定意思、展現行動的智慧型機器人實用化。

◎利用發射火箭的太空運輸費降低為現在的1/10以下。

2016 ◎開發出地面與太空之間能夠如搭乘飛機般航運的太空梭。

2017 ◎以血液中的ATP（三磷酸腺苷）為能源，開發出醫療用微機械。

2018 ◎每戶人家都有一台負責打掃、洗衣的幫傭機器人。

2020 ◎擁有居住空間的摩天大樓（1,000m左右）的建設技術在日本實用化。

2025 ◎在月球表面製造恆久的有人基地，進行月球地質調查，從月球進行科學觀測，以及月球資源技術開發等活動。

編輯部根據科學技術廳『第6次技術預測調查』資料製作

物理上很難接近人類，因此要向未知的領域挑戰的確是「尖端技術」。

這些技術開發，將在二十一世紀進行國際太空站計畫以及宇宙發電計畫，邁向宇宙開發的正式期，多方面利用宇宙空間。

在宇宙開發方面，日本利用國產技術實現具有發射小型太空梭能力的「H2機器人」，成為日本宇宙產業的傑作，得到世界極高的信賴。繼美國、俄羅斯之後，日本進行全球第三次月球表面探查計畫。

對於堪稱資源寶庫的海洋開發的武器海洋調查船技術，日本則擁有有人、無人的「深海六五〇〇」、「海港」，刷新了潛航深度記錄。

進入二十一世紀，日本這方面的技術應該可以領導世界。

1 人型機器人與人類有多相似？

期待人型機器人在宇宙、火山或災害現場等嚴苛環境中的作業及照顧老人等廣大範圍活躍

◆自行判斷、展開行動的智慧型機器人登場

日本生產的產業用機器人佔世界六成，的確是實至名歸的機器人王國。

最近，不僅是產業用機器人，連家庭用照顧老人或災害時救助災民的機器人也在開發中。

提到機器人，大家想到的可能是產業用機器人，只不過是在工廠組裝製品或負責搬運的機器手臂，但是，現開發的機器人和人一樣，可以用雙腳行走，可以配合狀況自行判斷，展現行動。

九七年八月，在東京舉行日本機器協會創立一百周年紀念會，於「國際機器人研討會」中，發表最新的研究開發成果，包括可以用雙腳走路的機器人，以及配合狀況會展

接近人類的機器人

以　前

在工廠負責組裝、焊接、加工等工作的產業用機器人。

以　後

能夠靠雙腳走路的人型機器人。

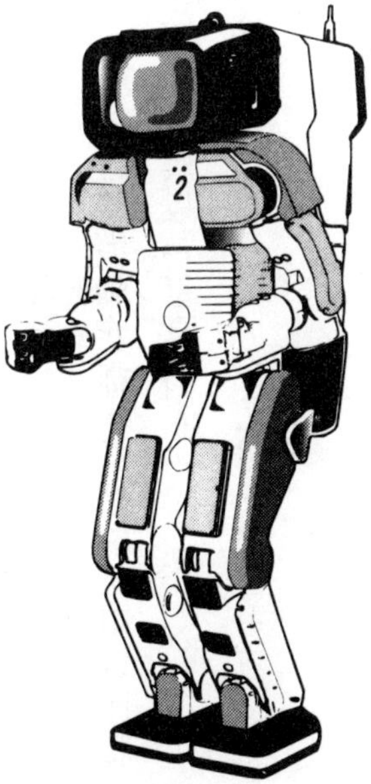

「P2」
身高：2m
體重：200kg

出處：本田技研工業

新世代機器人將與人類更為相似

現喜怒哀樂各種表情的寵物型機器人等。

過去的產業用機器人只會接受人類命令而展現行動，而先進的機器人則可以認識周圍的狀況，經由判斷後展現行動，這類的智慧型機器人已經登場了。

◆順暢展現動作的機器人「P2」的衝擊

備受注目的是，本田技研工業開發的世界首創用兩隻腳順暢走路的人型機器人P2。

「P2」的身高約二公尺，體重二百公斤，背著電池可以單體行動十五分鐘左右。此外，也可以搬運五公斤重的東西。姿勢的維持與動作都十分順暢，可以屈膝、避開障礙物，也可以上下坡道。只看側面，可能會誤以為是真的人。

本田也成功的開發出比「P2」更小型、身高一六〇公分、體重一三〇公斤的「P3」，已經實用化。

◆每戶人家都有一台機器人的時代終將到來

以「P2」為代表的智慧型機器人就在我們的身邊，能夠給予人類很多幫助。尤其隨著高齡化社會的到來，期待醫療福利機器人能夠發揮各種用途。不需要困難的操作，只要躺在床上即可下達命令，讓機器人順暢的展現行動。

因為內藏視覺感應器、麥克風、電腦，因此可以對聲音、顏色等產生反應。了解話

期待今後展現活躍行動的機器人

照顧老年人的機器人

運送老年人或殘障者的食物、幫助他們走路等。

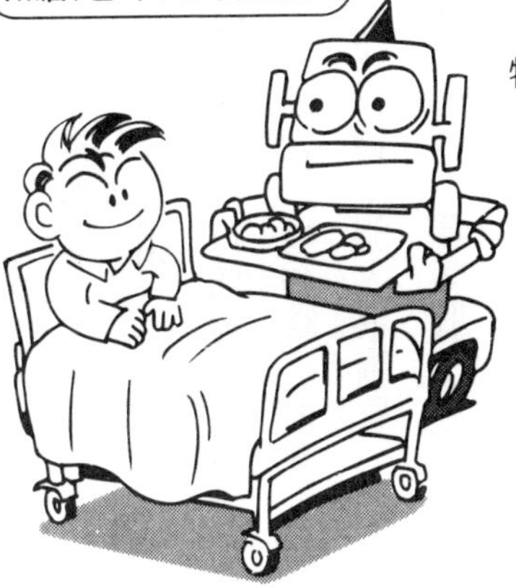

醫療用機器人

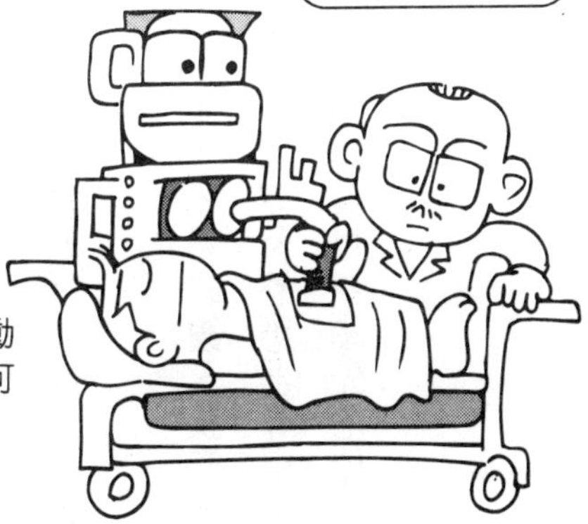

內視鏡自動控制機器人等可以支援手術。

救助用機器人

能夠鑽到人類無法鑽入的縫隙，搜索壓在瓦礫下受災者的蛇行機器人，或是在人類無法接近的火災現場，藉由遙控，救出受災者的機器人等。

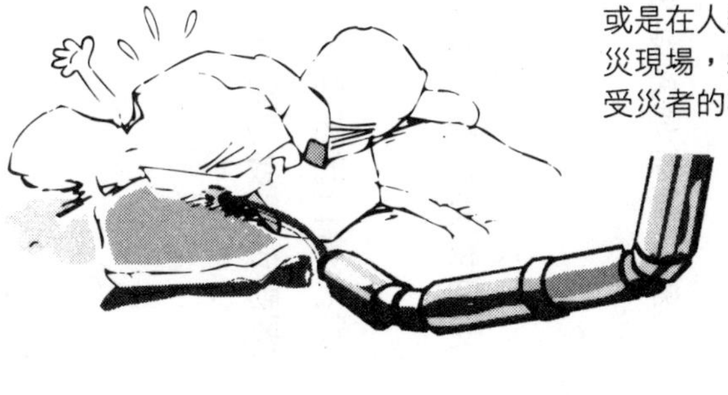

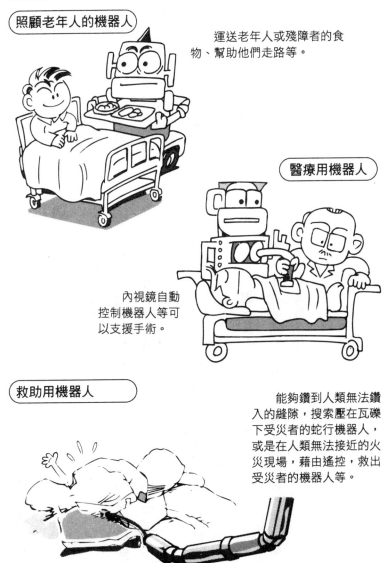

語、能夠對話的機器人，可以幫助殘障者或高齡者起床步行，也可以幫忙做家事。相信這樣的日子終將到來。

◆在災害時十分有用

另外，可以期待機器人展現活躍行動的是災害時救助受災者。

九五年阪神大地震時，很多人都是因為被壓在建築物下而死亡。實際的救助活動要發現壓在建築物下的人很困難。如果有能夠檢測出心臟跳動或呼吸時所呼出的二氧化碳的機器人，就能夠儘早救出受災者。

被壓在房子下，救助時需要花較多的時間，因此，也想到能夠穿越瓦礫之間救助受災者的蛇行機器人。

擁有許多關節的細長機器人，可以輕易的鑽入狹窄處，救出受災者。

製造智慧型機器人需要電腦、半導體及感應器等電子技術、機械技術等綜合技術。日本在這方面較為拿手，因此，可以居於世界領先地位。

2 人工智慧的研究進步到什麼地步？

目前正在研究讓電腦更接近人類頭腦。利用神經網路與遺傳演算法的研究已經正式化

◆電腦可以戰勝人類嗎？

美國ＩＢＭ公司的超級電腦「深藍（Deepblue）」，打敗史上最強的棋王，這件事相信大家記憶猶新，因此有人說「電腦會超越人腦」。而實際情況又如何呢？

的確，電腦具有人腦無法比擬的高度演算功能。以下棋為例，的確可以計算對方接下來要走的棋路，但是，卻無法像人類一樣進行柔軟的思考，迅速找出答案來。

人類具有創造性和自由意思，可以自己產生資訊。而電腦在這方面只能夠加工人類所給予的資訊而已。目前進行讓電腦更接近人腦的ＡＩ（人工智慧，Artificial Intelligence）的研究，而且已經完成專家系統和自動翻譯系統，不過尚欠完善。

最近，大家則注意到「神經網路」、「遺傳演算法」的想法。

◆模擬人腦資訊處理的神經網路

一言以蔽之，神經網路就是以人腦為模型的構造。

人腦重量達一・四公斤，擁有一四〇億個以上的大腦皮質神經細胞。大腦表面一立方毫米的腦組織中就有十萬個神經細胞。神經細胞伸出長達十公尺的突起，突起互相結合，結合數達十多億個。

神經細胞互相結合而形成的神經網，會反覆興奮與抑制。這個構造藉著經驗不斷變化，這就是記憶與學習的構造。

神經網路是相當於神經細胞的素粒子，如腦神經網一般連接成網路狀，互相交換訊號，同時並行處理。反覆輸入與輸出，能夠使得素粒子之間的結合強度產生變化，進行找出正確答案的學習，自動自發找出想要的處理方法，因此完全不需要程式等。這種稱為「神經電腦」的最尖端技術一旦落實，就能夠製造出具有自由意思力的電腦。

NTT利用這種神經網路輸入數值資料，編出能夠自動發現潛藏法則的新手法，可以應用在經濟指標、市場動向、選舉預測等方面。該公司也進行「發現法則服務」。

◆模擬生物進化的遺傳演算法

簡單的說，遺傳演算法就是以模仿生物進化論的想法引導出複雜問題答案的方法。

生物在四十億年的悠久歷史中，一邊適應自然一邊進化。進化包括不規則產生的「突變」，以及透過生存競爭由環境來做「選擇」（所謂自然淘汰）。反覆進化，就會殘

神經細胞網路

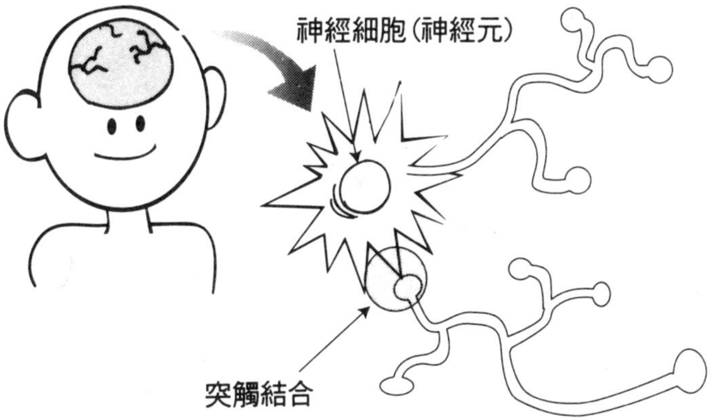

可以利用神經網的興奮與抑制來進行記憶與學習

存最適合的種類。

簡言之，就是要從許多划船選手中選出參賽的八人。以過去的科學方法來選，則必須分析各位置所要求的要素、解析各位置之間的相互作用，然後模擬出什麼樣的隊伍比較強，再從中挑選最適當的人選。

但分析要素及相互作用不見得正確。進行模擬時需要許多計算，就算是擅長計算的電腦，也會遇到物理障礙。雖然在科學上是合理的方法，但缺乏現實性。

遺傳演算法的想法則不一樣，首先是隨意的讓選手組成八人隊伍，計算時間，然後換另一組，組成新的八人隊伍（突變），計算新舊八人隊伍的時間（生存競爭）。留下成績較好的八人，隨意替換其中一人（自然

遺傳演算法的想法

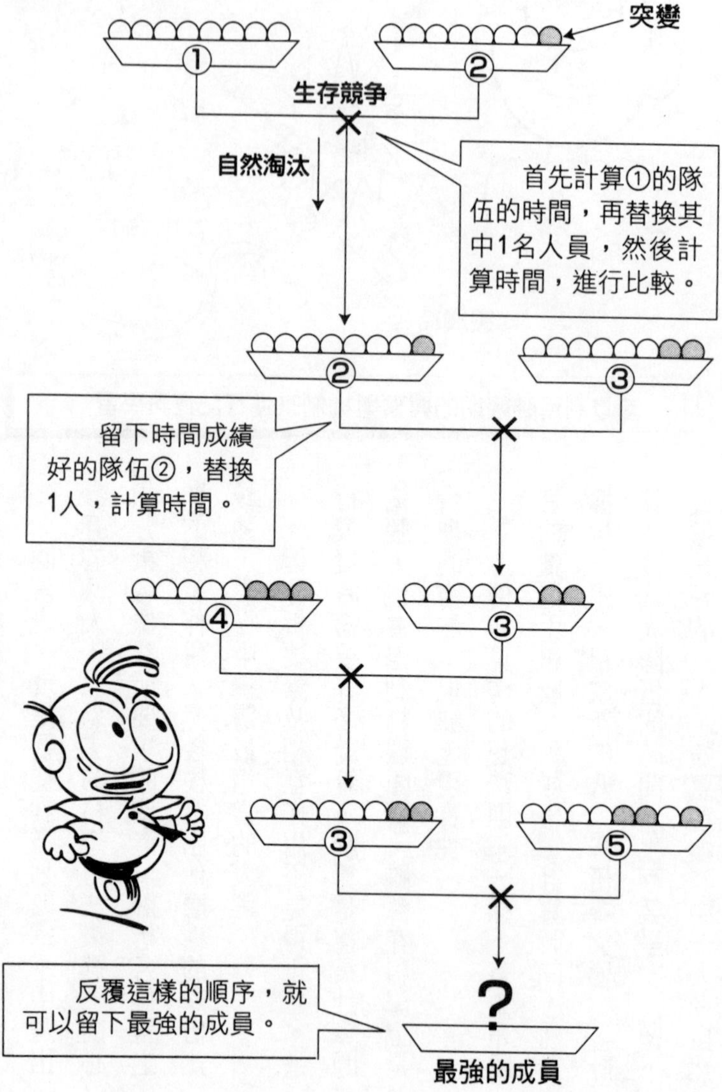

突變
①
②
生存競爭
自然淘汰
首先計算①的隊伍的時間，再替換其中1名人員，然後計算時間，進行比較。
②
③
留下時間成績好的隊伍②，替換1人，計算時間。
④
③
③
⑤
反覆這樣的順序，就可以留下最強的成員。
?
最強的成員

淘汰）。反覆進行這種操作，不需要花太多的時間，就可以成立一支合乎理想的八人隊伍。

最近，遺傳演算方法論應用在人工生命的研究上。人工生命是使用電腦，讓生物的行動或進化情形重現的新科學，是以八七年克利斯・藍格斯頓博士在美國洛斯阿拉莫斯舉行的「第一屆人工生命國際會議」為出發點。當然，當時的生命是指像生物一樣可以自行生存、進化的硬體或軟體。

最近，也活用在暖氣效率較佳的空調設備、電梯群管理系統或選擇地質調查的地點等各方面。

3 摩天大樓會高到一千公尺嗎？

要實現超高層化，需要日本自豪的免震、耐震技術，以及FA化、建設機器人等各種技術

◆關鍵在於免震、耐震技術

對於有懼高症的人來說，頗為恐怖的計畫正在建設界陸續進行中。

九七年八月，森建設在中國上海的浦東開發地區開工的摩天大樓「上海環球金融中心」，高度達四六〇公尺，完成之後，將超越馬來西亞的雙子星，成為世界第一高的摩天大樓。與二二六公尺高的池袋陽光大樓相比，約為其二倍高。

要實現摩天大樓，需要日本自豪的免震、耐震技術。在構造物與基地之間設置吸振橡膠，減弱搖晃的程度，或是採用藉著建築物內巨大的鐘擺來吸收搖晃的方法。

例如，九八年二月號稱日本最高的橫濱地標塔，頂部有兩個一七〇公噸的擺錘，一旦遇到地震或風吹而使得大樓搖晃時，在電腦控制之下，擺錘會朝與搖晃方向相反的方向擺動，藉此就可以抑制搖晃。風速達到秒速四十公尺時，只有在接近最上層附近會有三公分左右的搖晃而已。

現在，已經開發出在地震產生振動時利用電腦抵消搖晃的技術。

此外，地板做成雙重構造，在地震時，一般地板部分（構造地板）和上方部分（免震地板）個別搖動的抑制搖晃的制震地板構造也備受注目。地震時，摩天大樓越是高樓層，搖晃程度就越大，而雙重地板的制震技術正可以防止屋內物品倒下。這個技術也可以用來保護電腦房的機器類用品。

◆高一千公尺的超高摩天大樓計畫

國際間已經開始進行超高摩天大樓計畫，那就是高度一千公尺、佔地面積一千公頃

超高摩天大樓計畫

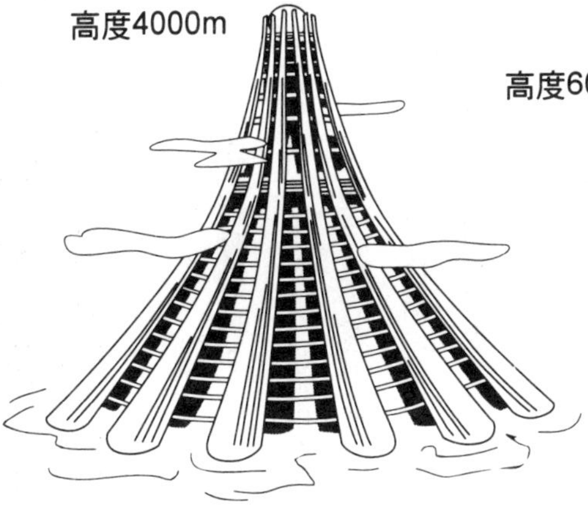

X-SEED4000(大成建設)

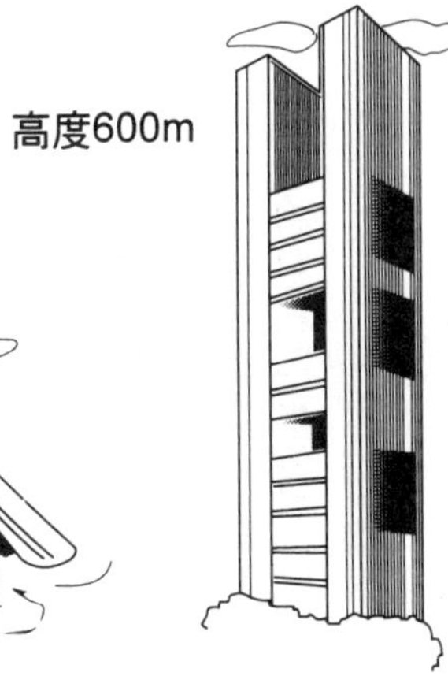

Holonictower2010（竹中工務店）

、耐用年數達一千年的超高摩天大樓計畫。

要實現超高層建築，當然需要具有免震、耐震技術、建設機器人、建設現場的FA（工廠自動化，Factory automation）等各種技術。

日本的建設公司竹中工務店，提出耐用年數達五百年以上的一二〇層、高六百公尺的「Holonictower 二〇一〇」。大成建設則提出高四千公尺的金字塔型超高未來都市「X－SEED四〇〇〇」。

4 何時能夠實現宇宙開發？

居世界領先地位的日本火箭升空技術。日本版的太空梭計畫正在進行中

提到月世界，會給人浪漫的想法，但實際上月世界卻是一片荒涼的大地。美國在七二年已經中止到達月球的有人飛行，將來的月球開發，也許是由日本掌握主導權。

日本的火箭升空技術，運用最拿手的品質管理，居世界領先的地位。日本的火箭開發，以往是由宇宙開發事業團（National Space Development Agency，簡稱ＮＡＳＤＡ）與文部省宇宙科學研究所（Institute of Space and Astronautical Science，簡稱ＩＳＡＳ）進行。前者是以發射商用衛星的「Ｈ２火箭」為主軸，後者則是以發射科學用衛星「Ｍ（火箭）」為主軸。

◆日本版太空梭能實現嗎？

Ｈ２火箭將會利用來發射日本版太空梭（ＨＯＰＥ）。遺憾的是，目前預算縮減，必須重新評估計畫。不過，試驗機「ＨＯＰＥ－Ｘ」仍在持續開發。ＨＯＰＥ是以無人方式往返於地球與太空之間的火箭，可以搭載約三噸的貨物。

日本版太空梭能夠實現嗎？

日本版無人太空梭
HOPE
H2火箭
補給太空站以及在軌道上當成活動手段、令人期待的「HOPE」。
其實驗機「HOPE-X」在2000年發射升空。

資料：宇宙開発事業団

◆從太空梭到H2火箭

日本的火箭開發，是一九五五年從機長二十三公分、如玩具般的火箭開始的。過了四十多年，到了九四年，成功的發射純國產的H2火箭。H2火箭成為商用衛星，甚至外國也來訂購這種火箭。與歐洲開發的火箭「阿里昂」相比，毫不遜色。

但是，日本火箭成本較高，這是它的瓶頸，因此，後H2的「H2A」，則不執著在純國產的想法上，希望能降低成本。

火箭的零件數達十多萬個，更要求高度品質管理。一個螺絲釘的失誤都可能導致失敗，這方面正可以發揮日本深獲世界好評的品管能力。

九八年H2火箭五號機發生故障，衛星無法順利的在軌道上運行，因此，有可能大幅度延遲H2火箭升空的預定計畫。

◆月球是能源資源的寶庫

日本的無人月球探索機，希望能夠順利的到達月球。那麼，月球開發究竟有什麼優點呢？月球地表含有大量的氦3（3He），氦3可以當成核聚變發電的燃料來使用。此外，還有一些未知的地下資源，期待今後的調查結果出爐。

月球開發日本堪稱第一嗎？

地表含有氦3，期待發現其他的地下資源。
月球表面天文台
月球表面沒有大氣，可以進行高精準度的觀測
月球表面基地
進行是否適合人類居住、是否具有地下資源的調查等

資料：宇宙開發事業團

日本的月球開發已經進行了「月神計畫」（月球探查繞行衛星計畫）。預定到2024年為止從無人探查發展為有人基地。

月球開發預定也要設置天體望遠鏡來觀察天體。希望月球不會像地球一樣受到大氣的阻礙，能夠正確的進行觀測。

月球開發最初會以無人方式進行，但是，將來計畫以有人方式進行。也許月球可以成為觀光資源也說不定。將來，一般旅客想到月球去旅行或許不再是夢想了。

◆利用電波望遠鏡可以分辨地上的米粒嗎？

另一方面，日本文部省宇宙科學研究所在九七年利用「M5」一號機發射衛星「遙」。「遙」擁有衛星搭載最大直徑八公尺的拋物形天線。這個拋物形天線具有電波望遠鏡的作用。

事實上，使用這個電波望遠鏡進行劃時代的實驗。「遙」與地球上十個國家的四十座電波望遠鏡結合，想要建立宇宙空間中巨大的假設的電波望遠鏡。

整理各個電波望遠鏡的觀測結果，可以得到高精準度的觀測資料。其精準度高到甚至連東京某處掉的一顆米粒都可以在澳洲雪梨看到，的確非常驚人。

5 微機械可以實現「微觀決死圈」嗎？

數毫米以下的微機械。將來可以做為在人體內進行疾病診斷或治療的微機械人

◆比一立方公分更小的微機械

中國有句俗話說「蝸角之爭」。這是個在蝸牛左角上與右角上的國家互相爭執的寓言故事，也就是指微不足道的小世界的爭執。

在尖端技術的世界裡，這個「蝸角上」的小世界正是主題之一。比小指頭還小的小型機械「微機械」的研究就是其中之一。

例如，放入核能發電廠的細小管子裡進行檢查，或是進入患者的血管內進行治療，就好像是科幻電影中出現的機械一樣。

微機械是體積一立方公分到一立方毫米的超小型機械的總稱。是比小顆骰子更小的機械。以往的機械都是數立方公尺大的建設機械，或是一立方公尺左右的工作機械、計測器等，以厚重長大為主。

微機械則完全相反，致力於輕薄短小，是十分微小的機械。

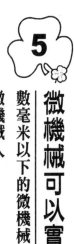

微機械在產業方面的應用

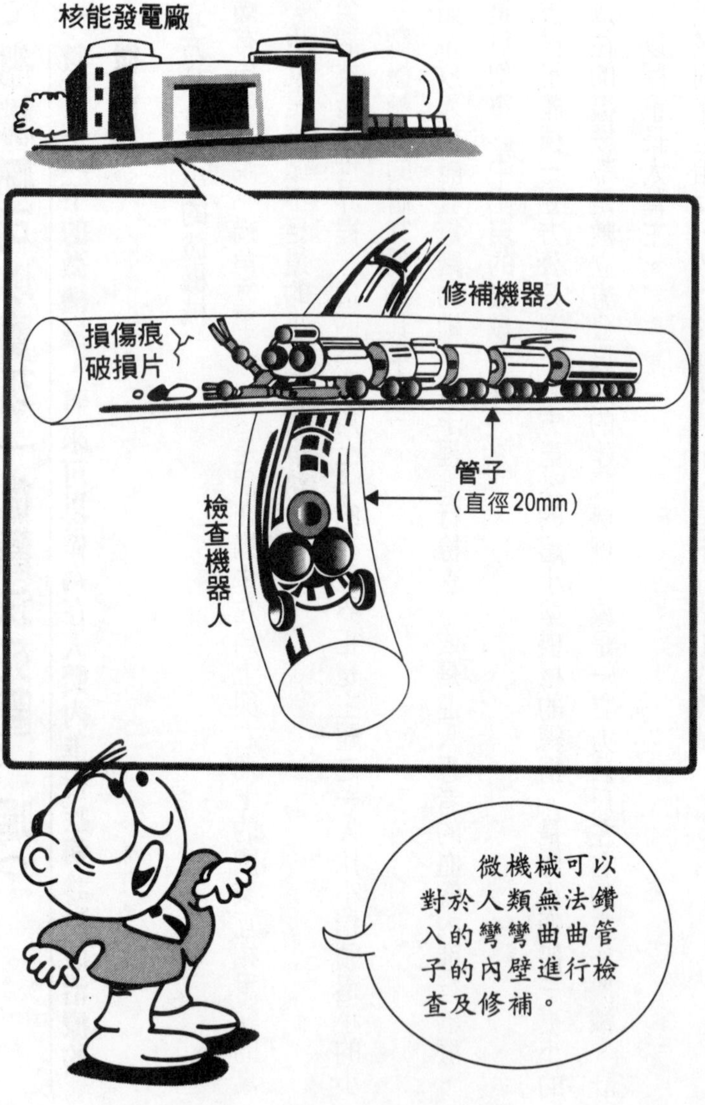

◆直徑一百微米的超小馬達

研究開發到八〇年代後半期時，美國加州大學柏克萊分校最早製作出硅基板上直徑約一百微米的馬達。這馬達是以靜電啟動。一百微米是一毫米的十分之一長，的確就像是蝸牛角上的大小而已。

提到微觀世界，大家想到的就是半導體。半導體技術競爭的是如何在小小的硅晶片上塞滿回路，要求的是微觀的加工技術。微機械的製作，就是使用這個ＩＣ（積體電路）的製造技術、微放電加工技術等各種特殊方法。

◆可以使用於發電廠等的配管檢查

微機械應該如何使用呢？大致可以分為產業用與醫療用兩種。

產業用是指配管系統或航空引擎等維修時使用的機械。像火力發電或核能發電等設施，有很多熱變換器與管子，這些管子只要有一處破損，就會引發嚴重的事故，相當危險。微機械可以對這些彎彎曲曲管子內壁的裂縫進行檢查、修補與去除作業。

◆完全不需要切開手術嗎？

醫療用的ＳＦ映像「微觀決死圈」，是以診斷、治療為目的，不需要切開人體動手術。不管是誰，都希望身體不被手術刀切開就能進行治療。

微機械在醫療方面的應用

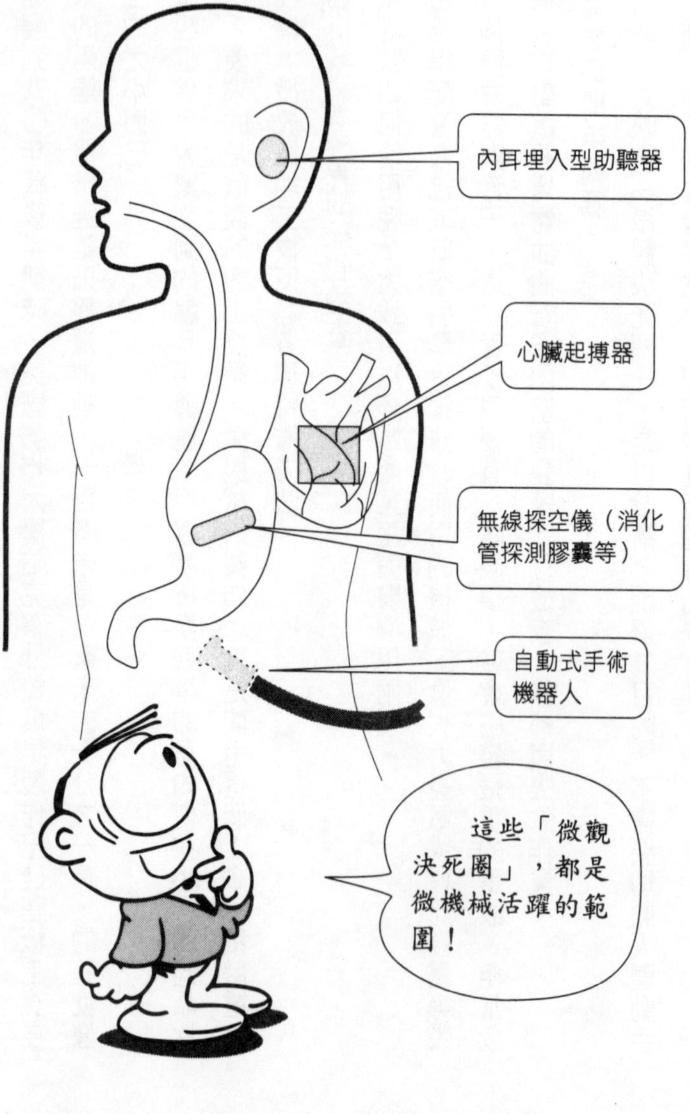

微機械可以注入體內各器官，一旦小型化，則不論眼球手術、微小血管的縫合、人工臟器的埋入等，都可以輕易辦到，大幅減輕患者肉體與精神上的負擔。

現在，可以實用的微機械是消化管探測膠囊。吞下這個膠囊，藉著在內部的測定裝置，就可以測定胃或腸的溫度、壓力、pH值等，利用電晶體傳送機陸續送出資料。

九一年日本通產省成立「財團法人微機械中心」，到二〇〇〇年為止的十年內，約投入二五〇億圓的資金，致力於微機械實用化的研究。

6 深海是能源、礦物資源的寶庫

地球上殘留的最後新天地。海洋國家日本的潛水調查員掌握資源開發的關鍵

◆深海是資源寶庫

海洋的平均水深超過四千公尺，地球大部分都為深海所覆蓋。深海是油田、礦物資源的寶庫。

現在留給人類的「地球上最後的新天地」的研發，各國都在進行中。

從北海油田的開發可以了解到，資源利用方面，最進步的是海底油田，佔總產油量

深海利用的可能性

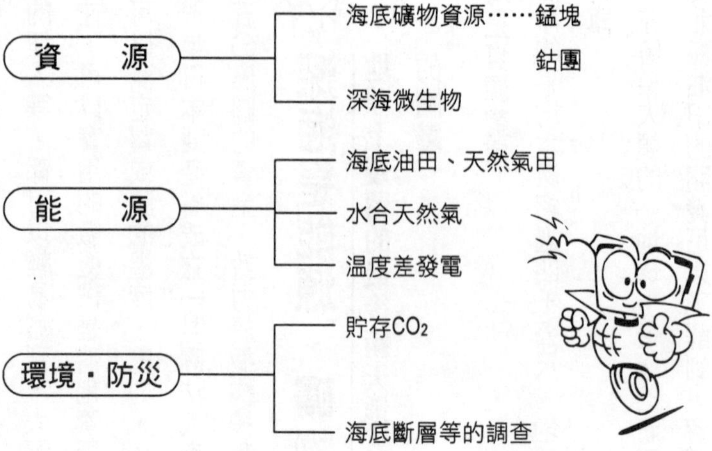

的三十%左右，但是，在不久的將來也許會超過五十%。以往挖掘場所是在水深一百公尺左右的淺海處，最近則可以進行水深一千公尺的深海挖掘。

此外，可以與石油並駕齊驅的新資源是天然氣水合物。天然氣水合物是在水分子之間利用甲烷等封住的結晶，在高壓低溫的條件下非常穩定。符合這個條件的日本近海，確認存在大量這種物質，可以成為替代石油的能源來利用。

鈷團、錳塊等礦物資源也集中在深海。前者是在水深一千～二千公尺海山斜面的礦床，鈷的含有率極高。後者則於水深四千～五千公尺的海底，大量存在著錳、鈷、鎳、銅等重要金屬塊，尤其錳的含量達到十五～

三十%。

◆深海探查技術是日本的看家本領

深海資源開發的關鍵，是由探測深海的潛水調查船掌握的。潛水調查船的技術可說是海洋國家日本的看家本領。現在，海洋科學技術中心擁有「海港」、「深海六五〇〇」兩艘船。

其中「海港」是可以潛入水深達一萬一千公尺深的無人探查船，藉著來自母船的遙控而行動。纜線的長度一萬二千公里，重量超過十公噸。利用全長五・二公尺的發射器所伸出的長二五〇公尺的纜線前端進行遙控作業機的作業。

另方面，可以潛航達水深六五〇〇公尺的「深海六五〇〇」，則是可以搭乘三人的潛水調查船，透過窺視窗可觀察海中。到目前為止，在世界各地的海洋進行潛航調查，搜集地球內部構造、地震預知等珍貴資料。

與調查船同樣的，深海挖掘船也是重要的開發主題之一。深海挖掘船是利用強而大的中空鑽頭（挖掘管），可以保持原本狀態，採取數千公尺深的海底岩石。目前已經實現海底三千公尺的挖掘，採取岩石。

在70年代由美國開發出來。TCP是保證資料到達的順序，IP則是負責運送資料的基本順序。
Teledesic ································ 129
TQC【Total Quality Control】 全公司的品質管理。美國的J.M.朱藍所提出的想法。全公司以科學手法進行改善，致力於提升產品的品質與服務的經營方法。日本企業很早就有這種想法，而且發展為日本獨特的想法，成為製造高品質產品的原動力。
TSL【Techno Super Liner】→新型超高速船

〔U〕

USDC ································ 41

〔V〕

VICS【Vehicle Information and Communication System】·········· 196
VIDEO ON DEMEND（VOD） 與單方面將節目播放給觀眾收看的一般電視播放不同，視聽者在播放時可以雙向收 看到喜愛節目的系統。
VISA CASH金融卡 ·················· 100
VOD→VIDEO ON DEMEND

〔W〕

WWW【World Wide Web】 ········ 87

〔X〕

X-SEED4000 ···························· 255

NC銑刀盤等，幾乎所有的工作機械都已經NC化。

NEDO（新能源、產業技術綜合開發機構）　以新能源、省能源的開發及導入的普及為目的，在1980年設立。開發太陽能發電、風力發電、煤液化、天然氣化、地熱發電、生物能源、燃料電池、電力貯藏系統等的技術。

Netscape Navigator　美國Netscape Navigation公司開發的WWW瀏覽器。具有高性能，可以用來傳送電子郵件或閱讀網路新聞。原本具有極高的市場佔有率，但是美國微軟公司的Internet XP也在急起直追。

NII【National Information Infrastructure】→國家資訊基礎建設

NON-STOP自動收費系統（ETC）

〔O〕

〔P〕

PDA【Personal Digital Assistants】數位助理，又名掌上型電腦。具有電子手冊、行程表、通訊錄、電子郵件等通信功能。

PDP【Plasma Display Panel】→電漿螢幕

〔R〕

RSA　1997年由MIT（麻省工科大學）所開發的公開金鑰方式。RSA是開發者（Rivest, Shamir, Adleman）名字的開頭字母。

〔S〕

SQUID【Superconduction Quantum Interference Device】

S (Static) RAM　在RAM（能讀取及存入資料的記憶體）中速度較快，因此主要當成超級電腦的主記憶裝置來使用。與DRAM相比，容量較小，成本較高，因此一般電腦幾乎不會使用。

〔T〕

TCP/IP　網路的標準通信順序。

〔J〕

Java　美國Sun Micro System公司所開發的程式語言。其用於WWW表現力與對話性的技術備受注目。不管在哪一種作業系統，都可以使用以Java寫出來的程式，因此可能誕生自由度更高的資訊機器。能夠驅動Java寫的程式的OS，Java OS已經搭載在NC（網路電腦）上。

JPEG【Joint Photographic Coding Experts Group】　彩色靜止畫面的壓縮方式。動畫的壓縮方式為MPEG。

〔L〕

LAN【Local Area Network】　區域內資料通訊網。在同一建築物內連接多台電腦或印表機的電腦網路。

LCD【Liquid Crystal Display】→液晶螢幕

LED【Light Emitting Diode】　發光二極管。鎵的化合物等所製造出來的二極管通電後，使其發光。耗電量較少，光度較高。使用在測量機器的小型螢幕或道路標誌上。

LSI【Large Scale Integration】　大規模積體電路。1個晶片上集合1000～10萬個電路的IC，稱為LSI。若超過10萬個，則稱為超LSI。

〔M〕

Mobile Computing　行動資訊。行動資訊產品已繼PC發展之後成為眾所矚目的焦點。將來你手上的機器不只有電話的功能，還可以讓你上網享受所有的服務。而這些技術，都是行動資訊的領域。

MPU【Micro Processor Unit】　超小型演算處理裝置。是指具有CPU（中央處理器）功能的LSI。是電腦的心臟。

〔N〕

NC工作機械　數值控制工作機械。利用電腦控制，按照指定的數值進行加工。現在，NC轉盤、

〔G〕

〔H〕

〔I〕

IC【Integrated Circuit】 積體電路。在數毫米方形的硅片上，塞滿高密度的電晶體、二極管、電容器、電阻等的積體化電路零件。依積體度的不同，可分為LSI、超LSI。

ICO 使用衛星進行行動電話服務的國際海事衛星機構系的組織。使用多個繞行衛星，使地球上任何地方都可以擁有行動電話服務。日本的KDD也參加了。

ISO【國際標準化組織】 進行工業相關的規格統一與標準化的國際組織。每個國家各有1個標準化組織參與營運。日本參加的是JISC（日本工業標準調查會）。像底片的ISO感度、最近的ISO9000系列（品質管理系統的規格）、ISO14000系列等，都非常有名。

ISO14000系列 ISO所發行的關於環境管理系統的國際規格，其背景是對國際環境問題的關心度提高。最近，企業的交易條件、投標條件也以取得ISO14000系列認證為條件之一，因此取得認證的企業很多。

IT2000 新加坡希望在2000年之前能成為智慧島的計畫，由新加坡政府主導。全新加坡都會數位化，同時也是亞洲個人電腦普及率最高的國家。

ITU【國際電信聯盟】 國際性的電信專門機構。歷史最悠久，其根源是1865年的萬國電信聯盟。1932年，萬國電信聯盟與與國際無線通信聯盟合而為一，成為今日ITU的母體。1974年成為國際聯盟的專門機構。

DEVICE。

DNA【Deoxyribonucleic Acid】…………………………164,169,174,178

D（Dynamic）RAM ……………………… 52

DVD（Digital Video Disk）………… 64

DVD-R（追記型DVD）…………… 66

DVD-RAM……………………………… 46,66

DVD-ROM ……………………………… 66

〔E〕

e CASH ………………………………… 100

ECL【Emitter Coupled Logic】 射極耦合邏輯。邏輯元件的一種，動作非常快速，主要使用在大型電腦。但是耗電量較大，容易發熱，因此需要冷卻裝置。

EEPROM【Electrically Erasable Programmable ROM】 能夠以電的方式消除、輸寫或讀取資料專用記憶體。但是和一次將所有資料完全消除的快閃記憶體不同，只能夠以byte為單位消去資料。

EL【Electroluminescence】 螢幕顯示的一種方式。是自發光型，因此和液晶螢幕不同，不需要背光。最高照明度為日光燈的100倍，比液晶螢幕更薄，耗電量也更低。

ETCS【Electronic Toll Collection System】………………………………………… 196

EV【Electric Vehicle】→電動車

〔F〕

FANS【Future Air Navigation System】 21世紀研究的未來航空航法系統。確立利用衛星的通訊網路，因應世界各地航空交通量的大增，實現安全且經濟效率較高的航空交通管制。

FeRAM【Ferro Electric RAM】… 54

FLOPS【Floating Point Operations per Second】 表示超級電腦等大型電腦性能的單位之一。顯示每秒可以進行幾次浮動小數點演算。例如1秒內可以進行500萬次演算，就是5MFLOPS。

FTTH 現在NTT的傳輸線幾乎都是光纖電纜，今後為實現B-ISDN等大容量服務。加入的各家庭線，都要光纖電纜化。

FUZZY理論 處理「曖昧、含混不清」的理論。數位資料都以1或0來表現，因此無法表示出「模稜兩可」的狀態，但是人類的感覺裡有很多模稜兩可的狀態。FUZZY理論是探索能夠表示這種曖昧狀態的方法。

稱的接頭進行傳送。ATM交換機由接頭的內容區分元件後，送達收件處。如此一來，傳送結果就能符合聲音、動畫或影像等不同傳送速度的多媒體資料。

〔B〕

B（寬頻）-ISDN【Broadband Integrated Services Digital Network】……111

BIT　資料量的單位。數位資料以1與0表示。BIT是資料量的最小單位，可以表示1或0的狀態。

BOD（生化需氧量）感應器…82

BS（Broadcast Satellite）播放.124

BS4號……124

BYTE　資訊量的單位。數位資訊是以1與0來表示，表示1或0的狀態，就是1 byte。1 byte是8bits。1 byte是2的8次方（256）種的資訊。英文字母、數字等是以1 byte為單位，漢字則以2 bytes為單位。

〔C〕

CALS【Commerce At Light Speed】指光速的交易。CALS對產業界而言是降低成本的終極手段，其起源來自於美國國防總局。高度化國防裝備的技術手冊或訂貨、進貨的記錄，零件或機器的庫存等資料非常龐大，因此，這是將所有資料電子化，利用通訊網路結合防衛產業的各公司，使所有的資料能夠即時進行交換的系統，能夠削減、開發或調度所需時間或成本。在日本，1995年5月是以「生產・調度・運用支援系統」命名，以通產省為主，創立「CALS推進協議會」，展開活動。

CATV【Cable Television】　即有線電視。家庭與CATV公司之間以同軸纜線連結，可以傳送多頻道節目。最近，不僅地方性節目或影片可以單方面播放，同時也可以活用雙向方式，成為多媒體網路。

CCD（電荷耦合裝置）……68

CO_2分離與固定化技術……234

CRT【Cathode-Ray Tube】→映像管

CS（Communication Satellite）播放……124

〔D〕

DEVICE　超小型電子零件，像IC、LSI等積體電路也是一種路內容。

環境荷爾蒙　與人類原本的荷爾蒙非常類似的化學物質。因為容易和真正的荷爾蒙混淆，所以會對人體產生意想不到的作用。近年來男性精子減少，據說也是受到環境荷爾蒙的影響。戴奧辛也是一種環境荷爾蒙。

數字・英文索引＆用語解說

ATM【Asynchronous Transfer Mode】非同調轉送形式。成為B（寬頻）-ISDN實現關鍵的傳送・交換技術。像一般電話一樣，每次通訊時選擇對象的「線路交換」，以及傳送資料蓄積在交換機中、搭配以小包形態傳送資料的「小包交換」，資料分割為具有固定長度、稱為「元件」的區塊，在元件頭附帶送達目的地名

〔十四畫〕

網頁瀏覽器　由美國微軟公司所開發的WWW瀏覽器，簡稱IE，可以安裝在Windows95的電腦作業系統中。可經由雜誌附贈的CD-ROM取得。奪走先前的WWW瀏覽器Netscape Navigator的市場佔有率。

網路播放　由美國pointcast公司開始的服務。使用的是從WWW伺服器到使用者WWW瀏覽器可以自動配送資訊的「PUSH技術」。使用者不須特別操作，就可以在螢幕上顯示氣象預報、運動、商業等的最新資訊。

〔十五畫〕

潮力發電　利用海水的漲潮、退潮而發電的方法。漲潮與退潮時海面高度不同，利用這種高度差使渦輪運轉，稱為潮汐發電。

標準規格　ISO（國際標準化組織）、ITU（國際電信聯盟）等公立機構認定的規格。如果不符合公定規格，而是實際上的國際規格，則稱為業界標準。

數位影音光碟→DVD
衛星網路服務　利用衛星進行的網路服務，例如「Direc PC」可以利用衛星高速下載網頁等的網

〔十畫〕

原始能源／2次能源　原始能源指石油、天然氣、煤、水力等未經加工的能源。2次能源則是將原始能源加工後製造出來的電力、都市天然氣等能源。

個人數位助理→PDA

馬赫　速度單位。與音速成對比的速度表現方式。超高速並不是以時速多少公里來表示，而是以當場的音速為基準來表示速度。例如，馬赫2是指當場音速2倍的速度。超音速客機協和機在高度1萬2000公尺以馬赫2.02飛行時，此高度的音速為秒速295.2公尺，這時馬赫2.02指的是此速度2.02倍的速度。

高度道路交通系統→ITS

高溫岩體發電　地熱發電是利用岩漿的熱加熱的地下水蒸氣來發電。但是在沒有地下水的地方，也可以將水送到岩漿附近發生蒸氣而發電。

高畫質電視　電視的解析度是以畫面掃描線的數目來決定的。高畫質電視是指掃描線比普通電視多2倍以上的電視。

〔十一畫〕

專家系統　將專家的知識與方法存入電腦內，任何人都可以做與專家相同事情的系統。此系統是由美國史丹佛大學研究者們建立的基礎。

強誘電體記憶晶片→FeRAM

國家資訊基礎建設　柯林頓總統在1992年推出的全美高度資訊通信網路架構計畫。據說是由高爾副總統負責構想。正式名稱為「全美資訊基礎（NII）構想」，

生物反應堆　將生物細胞內進行的生化反應，利用人工容器重現的裝置。在內部則已經固定出生物觸媒的酵素、微生物、動植物細胞。也可以稱為生物反應器或生物類似反應器。

生物晶片　生物元件。神經電腦能夠以邏輯方式模擬腦的功能。生物晶片則是利用生物科技把整個生物分子當成超小型電子零件來利用。

生物資源　指植物或微生物等生物資源。最近，對地球溫和的能源備受注目，例如，以甘蔗或甘藷為材料的酒精發酵浸出乙醇，可以當成車子的燃料來使用。
生物模仿　以人工方式製造出在生物體內所進行的反應或作用並加以利用的方式。例如，可以人工方式製造出酵素的功能或植物的光合作用。

〔六畫〕

自動翻譯系統　利用電腦自動進行中翻英、英翻中的系統。是採用將文章分解為單字來翻譯的方法。目前為了容易翻譯，必須在事前將文章加工。
同步加速器放射光裝置　電子會因為磁場作用而驟然改變方向，這時會失去部分能量而放射光。這種光稱為同步加速器放射光。以人工方式製造出這種光的就是同步加速器放射光裝置。同步加速器放射光的光度較強，光的平行性也極佳，除了用來製造半導體元件外，也使用於其他各種用途上。

行星地球化計畫　將目前尚未發現有生命活動的火星、金星等地球型行星，改變成能讓地球型生命定居的星球。例如火星，將巨大鏡子設置在火星附近的宇宙空

卷末索引&用語解說

〔二畫〕

利用氨氣代替地下水的地熱發電方式。氨氣在100度以下就會沸騰，就算是低熱源也可以發電。

〔三畫〕

大型浮體　超大型浮體式海洋構造物。為了能夠有效利用海洋及沿岸，而在海面飄浮的大型建造物。計畫用於機場、發電廠、廢棄物處理廠、工業區等，有各種用途。

大深度地下開發　大深度地下一般是指土地擁有者通常不加以利用的深度50公尺以上的地下。現在，相關省廳與自治體及建設業者開始利用都市的大深度地下，希望能擴充各種社會資本的構想正在計畫當中。

工廠自動化（FA）　活用NC（數值控制）工作機械或是產業用機器人，使整個工廠變成自動化系統。

〔四畫〕

元素　構成粒子。指構成IC的素粒子。具體而言，是在硅片上的電晶體、二極管、電容器、電阻等回路零件。

〔五畫〕

半導體製造聯盟（SEMATECH）

作者介紹

志村幸雄

◎1935年出生於日本北海道。58年畢業於早稻田大學教育學部。其後於（株）工業調查會擔任董事編輯部長、常務董事，92年擔任董事長。曾任早稻田理工學部、麗澤大學國際經濟學部講師，是著名的技術評論家，在電視、報紙、演講方面非常活躍。

◎是電子等尖端技術、產業經濟的專家，為產業技術審議會專門委員。具長年記者經驗，解說精闢，深獲好評。

◎主要著作包括《日本產業技術有未來嗎？》、《技術霸權在亞洲》、《獨創性技術人員的條件》、《半導體產業新時代》等。

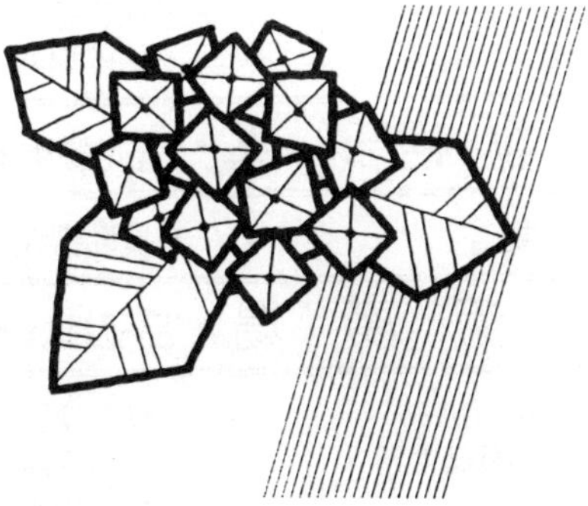

大展出版社有限公司
品冠文化出版社

圖書目錄

地址：台北市北投區（石牌）
致遠一路二段12巷1號
郵撥：01669551＜大展＞
19346241＜品冠＞

電話：(02) 28236031
28236033
28233123
傳真：(02) 28272069

・熱門新知・品冠編號 67

1. 圖解基因與 DNA （精） 中原英臣主編 230 元
2. 圖解人體的神奇 （精） 米山公啟主編 230 元
3. 圖解腦與心的構造 （精） 永田和哉主編 230 元
4. 圖解科學的神奇 （精） 鳥海光弘主編 230 元
5. 圖解數學的神奇 （精） 柳谷晃著 250 元
6. 圖解基因操作 （精） 海老原充主編 230 元
7. 圖解後基因組 （精） 才園哲人著 230 元
8. 圖解再生醫療的構造與未來 才園哲人著 230 元
9. 圖解保護身體的免疫構造 才園哲人著 230 元
10. 90 分鐘了解尖端技術的結構 志村幸雄著 280 元

・名人選輯・品冠編號 671

1. 佛洛伊德 傅陽主編 200 元

・圍棋輕鬆學・品冠編號 68

1. 圍棋六日通 李曉佳編著 160 元
2. 布局的對策 吳玉林等編著 250 元
3. 定石的運用 吳玉林等編著 280 元

・象棋輕鬆學・品冠編號 69

1. 象棋開局精要 方長勤審校 280 元

・生活廣場・品冠編號 61

1. 366 天誕生星 李芳黛譯 280 元
2. 366 天誕生花與誕生石 李芳黛譯 280 元
3. 科學命相 淺野八郎著 220 元
4. 已知的他界科學 陳蒼杰譯 220 元
5. 開拓未來的他界科學 陳蒼杰譯 220 元
6. 世紀末變態心理犯罪檔案 沈永嘉譯 240 元

7.	366 天開運年鑑	林廷宇編著	230 元
8.	色彩學與你	野村順一著	230 元
9.	科學手相	淺野八郎著	230 元
10.	你也能成為戀愛高手	柯富陽編著	220 元
11.	血型與十二星座	許淑瑛編著	230 元
12.	動物測驗—人性現形	淺野八郎著	200 元
13.	愛情、幸福完全自測	淺野八郎著	200 元
14.	輕鬆攻佔女性	趙奕世編著	230 元
15.	解讀命運密碼	郭宗德著	200 元
16.	由客家了解亞洲	高木桂藏著	220 元

・女醫師系列・品冠編號 62

1.	子宮內膜症	國府田清子著	200 元
2.	子宮肌瘤	黑島淳子著	200 元
3.	上班女性的壓力症候群	池下育子著	200 元
4.	漏尿、尿失禁	中田真木著	200 元
5.	高齡生產	大鷹美子著	200 元
6.	子宮癌	上坊敏子著	200 元
7.	避孕	早乙女智子著	200 元
8.	不孕症	中村春根著	200 元
9.	生理痛與生理不順	堀口雅子著	200 元
10.	更年期	野末悅子著	200 元

・傳統民俗療法・品冠編號 63

1.	神奇刀療法	潘文雄著	200 元
2.	神奇拍打療法	安在峰著	200 元
3.	神奇拔罐療法	安在峰著	200 元
4.	神奇艾灸療法	安在峰著	200 元
5.	神奇貼敷療法	安在峰著	200 元
6.	神奇薰洗療法	安在峰著	200 元
7.	神奇耳穴療法	安在峰著	200 元
8.	神奇指針療法	安在峰著	200 元
9.	神奇藥酒療法	安在峰著	200 元
10.	神奇藥茶療法	安在峰著	200 元
11.	神奇推拿療法	張貴荷著	200 元
12.	神奇止痛療法	漆 浩 著	200 元
13.	神奇天然藥食物療法	李琳編著	200 元
14.	神奇新穴療法	吳德華編著	200 元
15.	神奇小針刀療法	韋丹主編	200 元

・常見病藥膳調養叢書・品冠編號 631

1.	脂肪肝四季飲食	蕭守貴著	200 元
2.	高血壓四季飲食	秦玖剛著	200 元
3.	慢性腎炎四季飲食	魏從強著	200 元
4.	高脂血症四季飲食	薛輝著	200 元
5.	慢性胃炎四季飲食	馬秉祥著	200 元
6.	糖尿病四季飲食	王耀獻著	200 元
7.	癌症四季飲食	李忠著	200 元
8.	痛風四季飲食	魯焰主編	200 元
9.	肝炎四季飲食	王虹等著	200 元
10.	肥胖症四季飲食	李偉等著	200 元
11.	膽囊炎、膽石症四季飲食	謝春娥著	200 元

・彩色圖解保健・品冠編號 64

1.	瘦身	主婦之友社	300 元
2.	腰痛	主婦之友社	300 元
3.	肩膀痠痛	主婦之友社	300 元
4.	腰、膝、腳的疼痛	主婦之友社	300 元
5.	壓力、精神疲勞	主婦之友社	300 元
6.	眼睛疲勞、視力減退	主婦之友社	300 元

・休閒保健叢書・品冠編號 641

1.	瘦身保健按摩術	聞慶漢主編	200 元
2.	顏面美容保健按摩術	聞慶漢主編	200 元

・心 想 事 成・品冠編號 65

1.	魔法愛情點心	結城莫拉著	120 元
2.	可愛手工飾品	結城莫拉著	120 元
3.	可愛打扮 & 髮型	結城莫拉著	120 元
4.	撲克牌算命	結城莫拉著	120 元

・少 年 偵 探・品冠編號 66

1.	怪盜二十面相	（精）	江戶川亂步著	特價 189 元
2.	少年偵探團	（精）	江戶川亂步著	特價 189 元
3.	妖怪博士	（精）	江戶川亂步著	特價 189 元
4.	大金塊	（精）	江戶川亂步著	特價 230 元
5.	青銅魔人	（精）	江戶川亂步著	特價 230 元
6.	地底魔術王	（精）	江戶川亂步著	特價 230 元
7.	透明怪人	（精）	江戶川亂步著	特價 230 元

8. 怪人四十面相 （精） 江戶川亂步著 特價 230 元
9. 宇宙怪人 （精） 江戶川亂步著 特價 230 元
10. 恐怖的鐵塔王國 （精） 江戶川亂步著 特價 230 元
11. 灰色巨人 （精） 江戶川亂步著 特價 230 元
12. 海底魔術師 （精） 江戶川亂步著 特價 230 元
13. 黃金豹 （精） 江戶川亂步著 特價 230 元
14. 魔法博士 （精） 江戶川亂步著 特價 230 元
15. 馬戲怪人 （精） 江戶川亂步著 特價 230 元
16. 魔人銅鑼 （精） 江戶川亂步著 特價 230 元
17. 魔法人偶 （精） 江戶川亂步著 特價 230 元
18. 奇面城的秘密 （精） 江戶川亂步著 特價 230 元
19. 夜光人 （精） 江戶川亂步著 特價 230 元
20. 塔上的魔術師 （精） 江戶川亂步著 特價 230 元
21. 鐵人Q （精） 江戶川亂步著 特價 230 元
22. 假面恐怖王 （精） 江戶川亂步著 特價 230 元
23. 電人M （精） 江戶川亂步著 特價 230 元
24. 二十面相的詛咒 （精） 江戶川亂步著 特價 230 元
25. 飛天二十面相 （精） 江戶川亂步著 特價 230 元
26. 黃金怪獸 （精） 江戶川亂步著 特價 230 元

・武 術 特 輯・大展編號 10

1. 陳式太極拳入門 馮志強編著 180 元
2. 武式太極拳 郝少如編著 200 元
3. 中國跆拳道實戰 100 例 岳維傳著 220 元
4. 教門長拳 蕭京凌編著 150 元
5. 跆拳道 蕭京凌編譯 180 元
6. 正傳合氣道 程曉鈴譯 200 元
7. 實用雙節棍 吳志勇編著 200 元
8. 格鬥空手道 鄭旭旭編著 200 元
9. 實用跆拳道 陳國榮編著 200 元
10. 武術初學指南 李文英、解守德編著 250 元
11. 泰國拳 陳國榮著 180 元
12. 中國式摔跤 黃　斌編著 180 元
13. 太極劍入門 李德印編著 180 元
14. 太極拳運動 運動司編 250 元
15. 太極拳譜 清・王宗岳等著 280 元
16. 散手初學 冷　峰編著 200 元
17. 南拳 朱瑞琪編著 180 元
18. 吳式太極劍 王培生著 200 元
19. 太極拳健身與技擊 王培生著 250 元
20. 秘傳武當八卦掌 狄兆龍著 250 元
21. 太極拳論譚 沈　壽著 250 元
22. 陳式太極拳技擊法 馬　虹著 250 元

23. 二十四式太極拳 三十二式太極劍	闞桂香著	180 元
24. 楊式秘傳 129 式太極長拳	張楚全著	280 元
25. 楊式太極拳架詳解	林炳堯著	280 元
26. 華佗五禽劍	劉時榮著	180 元
27. 太極拳基礎講座：基本功與簡化 24 式	李德印著	250 元
28. 武式太極拳精華	薛乃印著	200 元
29. 陳式太極拳拳理闡微	馬　虹著	350 元
30. 陳式太極拳體用全書	馬　虹著	400 元
31. 張三豐太極拳	陳占奎著	200 元
32. 中國太極推手	張　山主編	300 元
33. 48 式太極拳入門	門惠豐編著	220 元
34. 太極拳奇人奇功	嚴翰秀編著	250 元
35. 心意門秘籍	李新民編著	220 元
36. 三才門乾坤戊己功	王培生編著	220 元
37. 武式太極劍精華＋VCD	薛乃印編著	350 元
38. 楊式太極拳	傅鐘文演述	200 元
39. 陳式太極拳、劍 36 式	闞桂香編著	250 元
40. 正宗武式太極拳	薛乃印著	220 元
41. 杜元化＜太極拳正宗＞考析	王海洲等著	300 元
42. ＜珍貴版＞陳式太極拳	沈家楨著	280 元
43. 24 式太極拳＋VCD	中國國家體育總局著	350 元
44. 太極推手絕技	安在峰編著	250 元
45. 孫祿堂武學錄	孫祿堂著	300 元
46. ＜珍貴本＞陳式太極拳精選	馮志強著	280 元
47. 武當趙堡太極拳小架	鄭悟清傳授	250 元
48. 太極拳習練知識問答	邱丕相主編	220 元
49. 八法拳 八法槍	武世俊著	220 元
50. 地趟拳＋VCD	張憲政著	350 元
51. 四十八式太極拳＋DVD	楊　靜演示	400 元
52. 三十二式太極劍＋VCD	楊　靜演示	300 元
53. 隨曲就伸 中國太極拳名家對話錄	余功保著	300 元
54. 陳式太極拳五功八法十三勢	闞桂香著	200 元
55. 六合螳螂拳	劉敬儒等著	280 元
56. 古本新探華佗五禽戲	劉時榮編著	180 元
57. 陳式太極拳養生功＋VCD	陳正雷著	350 元
58. 中國循經太極拳二十四式教程	李兆生著	300 元
59. ＜珍貴本＞太極拳研究	唐豪・顧留馨著	250 元
60. 武當三豐太極拳	劉嗣傳著	300 元
61. 楊式太極拳體用圖解	崔仲三編著	400 元
62. 太極十三刀	張耀忠編著	230 元
63. 和式太極拳譜＋VCD	和有祿編著	450 元
64. 太極內功養生術	關永年著	300 元
65. 養生太極推手	黃康輝編著	280 元
66. 太極推手秘傳	安在峰編著	300 元

67. 楊少侯太極拳用架真詮	李璉編著	280 元
68. 細說陰陽相濟的太極拳	林冠澄著	350 元
69. 太極內功解祕	祝大彤編著	280 元
70. 簡易太極拳健身功	王建華著	180 元
71. 楊氏太極拳真傳	趙斌等著	380 元
72. 李子鳴傳梁式直趟八卦六十四散手掌	張全亮編著	200 元
73. 炮捶 陳式太極拳第二路	顧留馨著	330 元
74. 太極推手技擊傳真	王鳳鳴編著	300 元
75. 傳統五十八式太極劍	張楚全編著	200 元
76. 新編太極拳對練	曾乃梁編著	280 元
77. 意拳拳學	王薌齋創始	280 元
78. 心意拳練功竅要	馬琳璋著	300 元
79. 形意拳搏擊的理與法	買正虎編著	300 元
80. 拳道功法學	李玉柱編著	300 元
81. 精編陳式太極拳拳劍刀	武世俊編著	300 元
82. 現代散打	梁亞東編著	200 元
83. 形意拳械精解（上）	邸國勇編著	480 元
84. 形意拳械精解（下）	邸國勇編著	480 元

・彩色圖解太極武術・大展編號 102

1. 太極功夫扇	李德印編著	220 元
2. 武當太極劍	李德印編著	220 元
3. 楊式太極劍	李德印編著	220 元
4. 楊式太極刀	王志遠著	220 元
5. 二十四式太極拳（楊式）＋VCD	李德印編著	350 元
6. 三十二式太極劍（楊式）＋VCD	李德印編著	350 元
7. 四十二式太極劍＋VCD	李德印編著	350 元
8. 四十二式太極拳＋VCD	李德印編著	350 元
9. 16 式太極拳 18 式太極劍＋VCD	崔仲三著	350 元
10. 楊氏 28 式太極拳＋VCD	趙幼斌著	350 元
11. 楊式太極拳 40 式＋VCD	宗維潔編著	350 元
12. 陳式太極拳 56 式＋VCD	黃康輝等著	350 元
13. 吳式太極拳 45 式＋VCD	宗維潔編著	350 元
14. 精簡陳式太極拳 8 式、16 式	黃康輝編著	220 元
15. 精簡吳式太極拳<36 式拳架・推手>	柳恩久主編	220 元
16. 夕陽美功夫扇	李德印著	220 元
17. 綜合 48 式太極拳＋VCD	竺玉明編著	350 元
18. 32 式太極拳（四段）	宗維潔演示	220 元
19. 楊氏 37 式太極拳＋VCD	趙幼斌著	350 元
20. 楊氏 51 式太極劍＋VCD	趙幼斌著	350 元

國家圖書館出版品預行編目資料

90分鐘了解尖端技術的結構／志村幸雄著，李久霖譯
－初版－臺北市，品冠，民95
面；21公分－（熱門新知；10）
譯自：90分でわかる先端技術の仕組み
ISBN 957-468-472-5（平裝）
1.技術
402　95009712

90分鐘了解尖端技術的結構 ISBN 957-468-472-5

著　者／志村幸雄
譯　者／李久霖
發行人／蔡孟甫
出版者／品冠文化出版社
社　址／台北市北投區（石牌）致遠一路2段12巷1號
電　話／(02) 28233123・28236031・28236033
傳　真／(02) 28272069
郵政劃撥／19346241（品冠）
網　址／www.dah-jaan.com.tw
E-mail／service@dah-jaan.com.tw
承印者／國順文具印刷行
裝　訂／建鑫印刷裝訂有限公司
排版者／千兵企業有限公司
初版1刷／2006年（民95年）8月

定　價／280元

大展好書　好書大展
品嘗好書　冠群可期

大展好書　好書大展
品嘗好書　冠群可期